园林绿化工程
识图与算量

张国栋 主编

中国电力出版社
CHINA ELECTRIC POWER PRESS

内 容 提 要

本书根据 2013 年版的《园林绿化工程工程量计算规范》编写而成。用分项工程的每一分项为示例讲解规范条文的选用,图中数据的分析,按规范条文计算的方法、公式等,工程量的计算、表格计算等内容,结合实际,潜移默化地教会读者识图,并学会怎样计算工程量。

本书适合从事造价工作的新入门者使用,也可以做为造价专业在校生的参考书。

图书在版编目(CIP)数据

园林绿化工程识图与算量/张国栋主编.—北京:中国电力出版社,2016.6(2021.7重印)
ISBN 978 - 7 - 5123 - 9336 - 3

Ⅰ.①园… Ⅱ.①张… Ⅲ.①园林—绿化—工程制图—识别 ②园林—绿化—建筑预算定额 Ⅳ.①TU986

中国版本图书馆 CIP 数据核字(2016)第 103554 号

中国电力出版社出版发行
北京市东城区北京站西街 19 号 100005 http://www.cepp.sgcc.com.cn
责任编辑:关 童 责任印制:蔺义舟 责任校对:常燕昆
北京天宇星印刷厂印刷·各地新华书店经售
2016 年 6 月第 1 版·2021 年 7 月第 5 次印刷
700mm×1000mm 1/16·12 印张·225 千字
定价:48.00 元

前　言

随着《建设工程工程量清单计价规范》(GB 50500—2013)和《园林绿化工程工程量计算规范》(GB 50858—2013)的实施,造价工作者在计算园林绿化工程工程量时,需要对规范的应用进行详细地学习与了解。本书为帮助造价工作者提高实际操作水平,并使从事造价行业的初入门者快速入门而组织编写了此书。

本书按照《建设工程工程量清单计价规范》(GB 50500—2013)和《园林绿化工程工程量计算规范》(GB 50858—2013),将常用的以及重点的、疑难的项目罗列出来,针对具体的项目采用有针对性的实例进行讲解,全面且细致地按适合新入门人员学习的步骤进行展开。

本书主要是先让读者了解读懂图纸的基本知识,然后,按园林绿化工程工程量计算规范分项进行分类,以示例教会读者识图与计算工程量。示例从规范条文选用、识图、数据分析、计算方法与计算公式步骤进行讲解。

本书适合从事造价工作的新入门者使用,也可以做为造价专业在校生的参考书。

本书由张国栋主编,参编人员有赵小云、洪岩、郭芳芳、冯倩、李晓静、刘若飞、王春花、魏琛琛、魏晓杰、刘丽娜、姜芸慧、袁建华、卞垒、赵娟、王开帆等人员。在编写过程中得到了许多同行的支持与帮助,在此表示感谢。由于编者水平有限和时间紧迫,书中难免有错误和不妥之处,望广大读者批评指正。如有疑问,请登录 www. gczjy. com(工程造价员网)或 www. ysypx. com(预算员网)或 www. debzw. com(企业定额编制网)或 www. gclqd. com(工程量清单计价网),或发邮件至 zz6219@163. com 或 dlwhgs@tom. com 与编者联系。

编　者

目　录

第一章 园林绿化工程识图基本知识

第一节 园林绿化工程图例

一、种植植物图例（表1-1、表1-2）

表1-1 植 物

序号	名 称	图 例	说 明
1	落叶阔叶乔木		
2	常绿阔叶乔木		落叶乔、灌木均不填斜线 常绿乔、灌木加画45°细斜线 阔叶树的外围线用弧裂形或圆形线
3	落叶针叶乔木		针叶树的外围线用锯齿形或斜刺形线 乔木外形成圆形 灌木外形成不规则形
4	常绿针叶乔木		乔木图例中粗线小圆表示现有乔木，细线小十字表示设计乔木
5	落叶灌木		灌木图例中黑点表示种植位置 凡大片树林可省略图例中的小圆、小十字及黑点
6	常绿灌木		

续表

序号	名　称	图　例	说　明
7	阔叶乔木疏林		
8	针叶乔木疏林		
9	阔叶乔木密林		落叶乔、灌木均不填斜线 常绿乔、灌木加画 45°细斜线 阔叶树的外围线用弧裂形或圆形线
10	针叶乔木密林		针叶树的外围线用锯齿形或斜刺形线 乔木外形成圆形 灌木外形成不规则形
11	落叶灌木疏林		乔木图例中粗线小圆表示现有乔木，细线小十字表示设计乔木
12	落叶花灌木疏林		灌木图例中黑点表示种植位置 凡大片树林可省略图例中的小圆、小十字及黑点
13	常绿灌木密林		
14	常绿花灌木密林		

续表

序号	名　称	图　例	说　明
15	自然形绿篱		—
16	整形绿篱		—
17	镶边植物		—
18	一、二年生草本花卉		—
19	多年生及宿根草本花卉		—
20	一般草皮		—
21	缀花草皮		—
22	整形树木		—
23	竹丛		—
24	棕榈植物		—
25	仙人掌植物		—
26	藤本植物		—
27	水生植物		—

表 1-2　　　　　　　　　　　　　　树　冠　形　态

序号	名　称	图　例	说　明
1	圆锥形		
2	椭圆形		
3	圆球形		树冠轮廓线，凡针叶树用锯齿形；凡阔叶树用弧裂形表示
4	垂枝形		
5	伞形		
6	匍匐形		

二、风景名胜区规划图例（表 1-3～表 1-8）

表 1-3　　　　　　　　　　　　　　地　　界

序号	名　称	图　例	说　明
1	绿地界	——————	用中实线表示
2	景区、功能分区界	—·—·—·—	
3	风景名胜区（国家公园），自然保护区等界	— — — —	
4	外围保护地带界	＋＋＋＋＋＋	

表 1 - 4　　　　　　　　　　　　**景　点、景　物**

序号	名　　称	图　　例	说　　明
1	景点	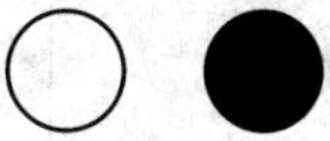 ○ ●	各级景点依圆的大小相区别 左图为现状景点；右图为规划景点
2	城墙		
3	文化遗址		
4	古井		
5	摩崖石刻		
6	墓、墓园		序号 2～29 所列图例宜供宏观规划时用，其不反映实际地形及形态。需区分现状与规划时，可用单线圆表示现状景点、景物，双线圆表示规划景点、景物
7	公园		
8	动物园		
9	植物园		
10	塔		
11	峡谷		
12	泉		

续表

序号	名称	图例	说明
13	奇石、礁石		
14	瀑布		
15	宗教建筑（佛教、道教、基督教……）		序号 2~29 所列图例宜供宏观规划时用，其不反映实际地形及形态。需区分现状与规划时，可用单线圆表示现状景点、景物，双线圆表示规划景点、景物
16	牌坊、牌楼		
17	古建筑		
18	桥		
19	陡崖		
20	岩洞		也可表示地下人工景点
21	海滩		溪滩也可用此图例
22	古树名木		—
23	烈士陵园		—
24	湖泊		—

续表

序号	名　称	图　例	说　明
25	温泉		—
26	群峰		—
27	孤峰		—
28	森林		—
29	山岳		—

表1-5　　　　　　　　　　　服　务　设　施

序号	名　称	图　例	说　明
1	综合服务设施点		各级服务设施可依方形大小相区别。左图为现状设施，右图为规划设施
2	停车场	  室内停车场外框用虚线表示	
3	加油站		2～23所列图例宜供宏观规划时用，其不反映实际地形及形态。需区分现状与规划时，可用单线方框表示现状设施，双线方框表示规划设施
4	邮电所（局）		
5	公用电话点	 包括公用电话亭、所、局等	

序号	名　称	图　例	说　明
6	公安、保卫站		包括各级派出所、处、局等
7	气象站		—
8	银行		包括储蓄所、信用社、证券公司等金融机构
9	风景区管理站（处、局）		—
10	野营地		—
11	疗养院		—
12	医疗设施点		—
13	火车站		—
14	公共汽车站		—
15	缆车站		—
16	飞机场		—
17	码头、港口		—

序号	名　　称	图　例	说　明
18	度假村、休养所		—
19	文化娱乐点		—
20	餐饮点		—
21	消防站、消防专用房间		—
22	公共厕所	W.C.	—
23	旅游宾馆		—

表 1-6　　　　　　　　运 动 游 乐 设 施

序号	名　　称	图　例	说　明
1	游乐场		—
2	运动场		—
3	高尔夫球场		—
4	赛车场		—
5	跑马场		—

序号	名　称	图　例	说　明
6	水上运动场		—
7	天然游泳场		—

表 1-7　　　　　　　　　工 程 设 施

序号	名　称	图　例	说　明
1	污水处理厂		—
2	水上游览线	-------------------	细虚线
3	隧道	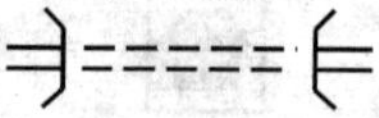	—
4	垃圾处理站		—
5	发电站		—
6	变电所		—
7	小路、步行游览路		上图以双线表示，用细实线；下图以单线表示，用中实线
8	山地步游小路	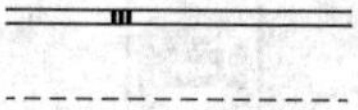	上图以双线加台阶表示，用细实线；下图以单线表示，用虚线
9	给水厂		—

续表

序号	名　称	图　例	说　明
10	电视差转台		—
11	架空索道线		—
12	斜坡缆车线		—
13	高架轻轨线		—
14	公路、汽车游览路		上图以双线表示，用中实线；下图以单线表示，用粗实线
15	架空电力电信线	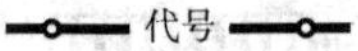 代号	粗实线中插入管线代号，管线代号按现行国家有关标准的规定标注
16	管线	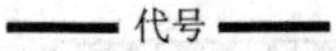 代号	

表 1-8　　　　　　用　地　类　型

序号	名　称	图　例	说　明
1	游憩、观赏绿地	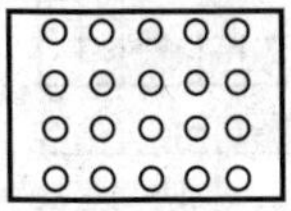	—
2	防护绿地		—
3	经济林地		—

续表

序号	名　称	图　例	说　明
4	针叶林地		—
5	灌木林地		—
6	苗圃花圃用地		—
7	竹林地		—
8	阔叶林地		—
9	针阔混交林地		—
10	文物保护地		包括地面和地下两大类，地下文物保护地外框用粗虚线表示
11	特殊用地		—
12	草原、草甸		—

三、园林绿地规划设计图例（表1-9～表1-11）

表1-9 　　　　　　　　　　　　　　建　筑

序号	名　称	图　例	说　明
1	草顶建筑或简易建筑		—
2	规划扩建的预留地或建筑物		用中虚线表示
3	地下建筑物		用粗虚线表示
4	温室建筑		—
5	原有的建筑物		用细实线表示
6	规划的建筑物		用粗实线表示
7	坡屋顶建筑		包括瓦顶、石片顶、饰面砖顶等
8	拆除的建筑物		用细实线表示

表 1-10　　　　　　　　　　　　水　体

序号	名　称	图　例	说　明
1	规则形水体	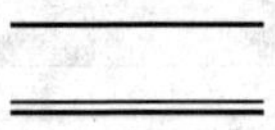	—
2	自然形水体	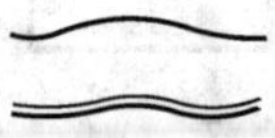	—
3	旱涧	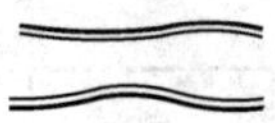	—
4	跌水、瀑布	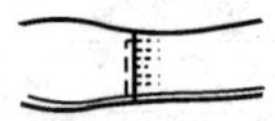	—
5	溪涧	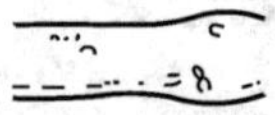	—

表 1-11　　　　　　　　　　　　工　程　设　施

序号	名　称	图　例	说　明
1	水闸	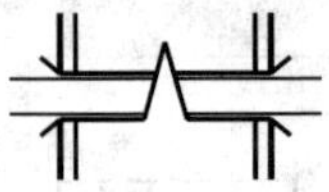	—
2	人行桥	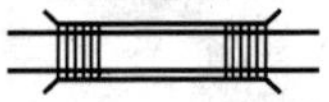	—
3	亭桥	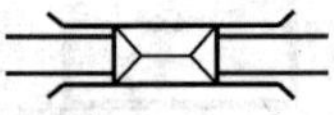	—
4	车行桥	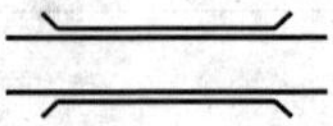	—
5	驳岸	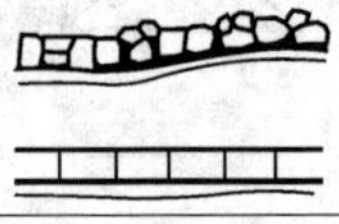	上图为假山石自然式驳岸；下图为整形砌筑规划式驳岸
6	铁索桥	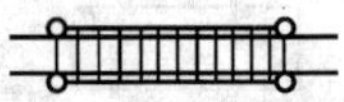	—

续表

序　号	名　称	图　例	说　明
7	道路	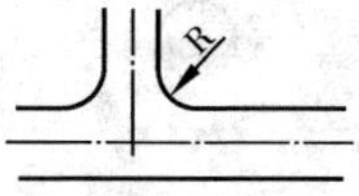	—
8	护坡	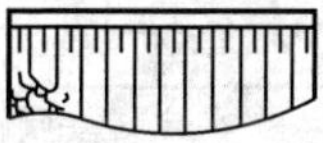	—
9	雨水井		—
10	有盖的排水沟	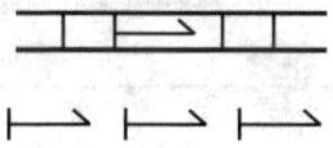	上图用于比例较大的图面；下图用于比例较小的图面
11	挡土墙	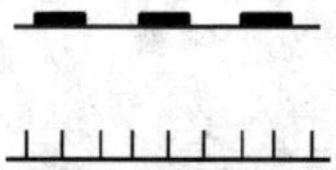	突出的一侧表示被挡土的一方
12	台阶	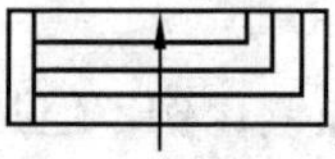 箭头指向表示向上	也可依据设计形态表示
13	铺装路面		
14	排水明沟	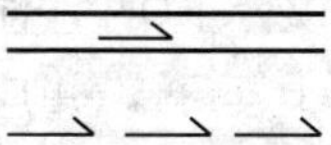	上图用于比例较大的图面；下图用于比例较小的图面
15	铺砌场地	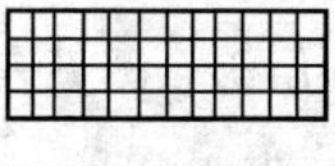	也可依据设计形态表示

序号	名　称	图　例	说　明
16	消火栓井		—
17	码头	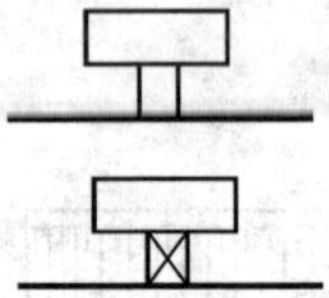	上图为固定码头;下图为浮动码头
18	汀步	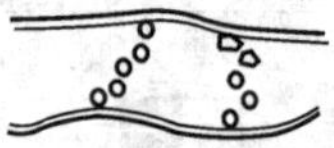	—
19	涵洞	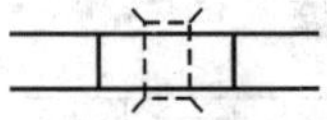	—
20	喷灌点		—

第二节　施工图识读

　　植物绿化种植图中可以不用强调比例,但是不同材料图例标注文字要明确,且每个图必不可少的是图名。文字说明中应该包括标注单位、绘图比例、高程系统的名称、补充图例等。如图1-1为局部植物绿化种植区。

　　挖土方要注意标高的选择和标高的位置,施工总平面图中的坐标、标高、距离宜以"m"为单位,并应至少取至小数点后两位,不足时以"0"补齐。详图宜以毫米为单位,如不以"mm"为单位,应另加说明。多层构造或多层管道共用引出线,应通过被引出的各层文字说明宜注写在水平线的上方,或注写在水平线的端部,说明的顺序应由上至下,并应与被说明的层次相互一致;如层次为横向排序,则由上至下的说明顺序应与左至右的层次相互一致,如图1-2所示。

　　园林绿化常见的园路路面结构层组合图见表1-12。

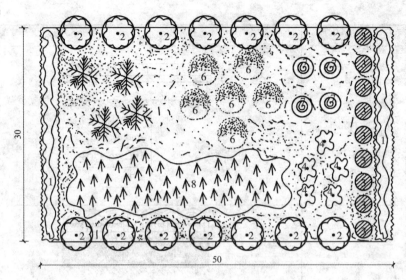

图 1-1　局部植物绿化种植区

1—瓜子黄杨；2—法国梧桐；3—银杏；4—紫叶李

5—棕榈；6—海桐；7—大叶女贞；8—竹林

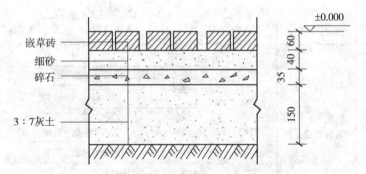

图 1-2　嵌草砖铺装局部断面示意图

表 1-12　　　　　　　　　　常见的园路路面结构层组合图

编号	类　型	结　构　图　式
1	水泥混凝土路	80~150厚C20混凝土 80~120厚碎石 素土夯实

续表

编号	类　型	结　构　图　式
2	方砖路	100厚混凝土方砖　50厚粗砂　150~250厚灰土　素土夯实
3	汽车停车场铺地	100厚混凝土空心砖（内填土壤种草）　30厚粗砂　250厚碎石　素土夯实
4	卵石嵌花路	65厚预制混凝土嵌卵石　60厚M2.5混凝土砂浆　150厚灰土　素土夯实
5	彩色混凝土砖路	100厚彩色混凝土花砖　30厚粗砂　150厚灰土　素土夯实

续表

编号	类　型	结　构　图　式
6	块石汀步	
7	钢筋混凝土砖路	50厚钢筋混凝土预制块 20厚1：3白灰砂浆 150厚3：7灰土 素土夯实

图纸方向一般用指北针表示，指北针的形状宜如图1-3所示，其圆的直径宜为24mm，用细实线绘制；指针尾部的宽度宜为3mm，指针头部应注"北"或"N"字。需用较大直径绘制指北针时，指针尾部宽度宜为直径的1/8。

图纸很长，不能全部画出相同部位，如图1-4所示，两端可以用折线表示。

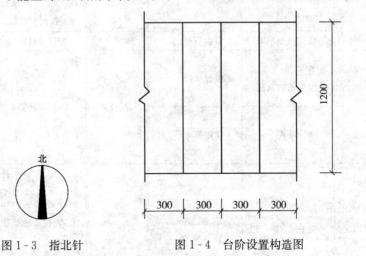

图1-3　指北针　　　　　　图1-4　台阶设置构造图

第二章 绿化工程

第一节 绿化工程工程量计算规范

一、绿地整理

工程量清单项目设置及工程量计算规则应按表 2-1 的规定执行。

表 2-1 绿地整理（编码：050101）

项目编码	项目名称	项目特征	计量单位	工程量计算规则	工程内容
050101001	砍伐乔木	树干胸径	株	按数量计算	1. 砍伐 2. 废弃物运输 3. 场地清理
050101002	挖树根（蔸）	地径			1. 挖树根 2. 废弃物运输 3. 场地清理
050101003	砍挖灌木丛及根	丛高或蓬径	1. 株 2. m²	1. 以株计量，按数量计算 2. 以平方米计量，按面积计算	1. 砍挖 2. 废弃物运输 3. 场地清理
050101004	砍挖竹及根	根盘直径	株（丛）	按数量计算	
050101005	砍挖芦苇（或其他水生植物及根）	根盘丛径	m²	按面积计算	
050101006	清除草皮	草皮种类			1. 除草 2. 废弃物运输 3. 场地清理
050101009	种植土回（换）填	1. 回填土质要求 2. 取土运距 3. 回填厚度 4. 弃土运距	1. m³ 2. 株	1. 以立方米计量，按设计图示回填面积乘以回填厚度以体积计算 2. 以株计量，按设计图示数量计算	1. 土方挖、运 2. 回填 3. 找平、找坡 4. 废弃物运输

续表

项目编码	项目名称	项目特征	计量单位	工程量计算规则	工程内容
050101010	整理绿化用地	1. 回填土质要求 2. 取土运距 3. 回填厚度 4. 找平找坡要求 5. 弃渣运距	m²	按设计图示尺寸以面积计算	1. 排地表水 2. 土方挖、运 3. 耙细、过筛 4. 回填 5. 找平、找坡 6. 拍实 7. 废弃物运输
050101012	屋顶花园基底处理	1. 找平层厚度、砂浆种类、强度等级 2. 防水层种类、做法 3. 排水层厚度、材质 4. 过滤层厚度、材质 5. 回填轻质土厚度、种类 6. 屋面高度 7. 阻根层厚度、材质、做法			1. 抹找平层 2. 防水层铺设 3. 排水层铺设 4. 过滤层铺设 5. 填轻质土壤 6. 阻根层铺设 7. 运输

二、栽植花木

工程量清单项目设置及工程量计算规则应按表 2-2 的规定执行。

表 2-2　　　　　栽植花木（编码：050102）

项目编码	项目名称	项目特征	计量单位	工程量计算规则	工程内容
050102001	栽植乔木	1. 种类 2. 胸径或干径 3. 株高、冠径 4. 起挖方式 5. 养护期	株	按设计图示数量计算	1. 起挖 2. 运输 3. 栽植 4. 养护
050102002	栽植灌木	1. 种类 2. 根盘直径 3. 冠丛高 4. 蓬径 5. 起挖方式 6. 养护期	1. 株 2. m²	1. 以株计量，按设计图示数量计算 2. 以平方米计量，按设计图示尺寸以绿化水平投影面积计算	

续表

项目编码	项目名称	项目特征	计量单位	工程量计算规则	工程内容
050102003	栽植竹类	1. 竹种类 2. 竹胸径或根盘丛径 3. 养护期	株（丛）	按设计图示数量计算	1. 起挖 2. 运输 3. 栽植 4. 养护
050102004	栽植棕榈类	1. 种类 2. 株高、地径 3. 养护期	株		
050102005	栽植绿篱	1. 种类 2. 篱高 3. 行数、蓬径 4. 单位面积株数 5. 养护期	1. m 2. m²	1. 以米计量，按设计图示长度以延长米计算 2. 以平方米计量，按设计图示尺寸以绿化水平投影面积计算	
050102006	栽植攀缘植物	1. 植物种类 2. 地径 3. 单位长度株数 4. 养护期	1. 株 2. m	1. 以株计量，按设计图示数量计算 2. 以米计量，按设计图示种植长度以延长米计算	
050102007	栽植色带	1. 苗木、花卉种类 2. 株高或蓬径 3. 单位面积株数 4. 养护期	m²	按设计图示尺寸以绿化水平投影面积计算	
050102008	栽植花卉	1. 花卉种类 2. 株高或蓬径 3. 单位面积株数 4. 养护期	1. 株（丛、缸） 2. m²		
050102009	栽植水生植物	1. 植物种类 2. 株高或蓬径或芽数/株 3. 单位面积株数 4. 养护期	1. 丛（缸） 2. m²	1. 以株（丛、缸）计量，按设计图示数量计算 2. 以平方米计量，按设计图示尺寸以水平投影面积计算	

项目编码	项目名称	项目特征	计量单位	工程量计算规则	工程内容
050102012	铺种草皮	1. 草皮种类 2. 铺种方式 3. 养护期	m²	按设计图示尺寸以绿化投影面积计算	1. 起挖 2. 运输 3. 铺底砂（土） 4. 栽植 5. 养护
050102013	喷播植草（灌木）籽	1. 基层材料种类规格 2. 草（灌木）籽种类 3. 养护期			1. 基层处理 2. 坡地细整 3. 喷播 4. 覆盖 5. 养护

三、绿地喷灌

工程量清单项目设置及工程量计算规则应按表2-3的规定执行。

表2-3　　　　　　　　　绿地喷灌（编码：050103）

项目编码	项目名称	项目特征	计量单位	工程量计算规则	工程内容
050103001	喷灌管线安装	1. 管道品种、规格 2. 管件品种、规格 3. 管道固定方式 4. 防护材料种类 5. 油漆品种、刷漆遍数	m	按设计图示管道中心线长度以延长米计算，不扣除检查（阀门）井、阀门、管件及附件所占的长度	1. 管道铺设 2. 管道固筑 3. 水压试验 4. 刷防护材料、油漆

第二节　工程量计算示例

【例1】某小游园局部植物绿化种植区，该种植区长50m，宽30m，其中竹林的面积为200m²，如图2-1所示，试求其工程量。

【解】

（1）**项目编码：**050102001　　**项目名称：栽植乔木**

　　工程量计算规则：按设计图示数量计算。

 识图与分析

法国梧桐14株；银杏9株；紫叶李5株；大叶女贞4株。

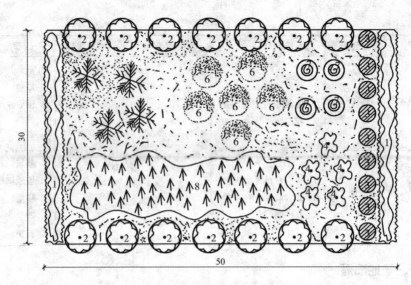

图2-1 局部植物绿化种植区

1—瓜子黄杨；2—法国梧桐；3—银杏；4—紫叶李

5—棕榈；6—海桐；7—大叶女贞；8—竹林

注：绿篱宽度为1.5m。

（2）**项目编码**：050102004 **项目名称**：栽植棕榈类

工程量计算规则：按设计图示数量计算。

 识图与分析

棕榈4株。

（3）**项目编码**：050102002 **项目名称**：栽植灌木

工程量计算规则：按设计图示数量计算。

 识图与分析

海桐6株。

（4）**项目编码**：050102005 **项目名称**：栽植绿篱

工程量计算规则：按设计图示以长度或面积计算。

 识图与分析

瓜子黄杨在种植区左右两侧，每侧长30m。绿篱的总长度＝单排绿篱长度×2。

工程量计算

瓜子黄杨 30.00×2＝60.00（m）

（5）**项目编码**：050102003 **项目名称**：栽植竹类

工程量计算规则：按设计图示数量计算。

识图与分析

竹林 50 株。

（6）**项目编码：**050101010 **项目名称：**整理绿化用地

工程量计算规则：按设计图示尺寸以面积计算。

 识图与分析

绿化用地为长 50m，宽 30m 的矩形。

 工程量计算

整理绿化用地的面积＝50.00×30.00＝1500.00（m²）

（7）**项目编码：**050102013 **项目名称：**喷播植草（灌木）籽

工程量计算规则：按设计图示尺寸以面积计算。

 识图与分析

绿化用地为长 50m，宽 30m，绿篱的长为 30m，宽为 1.5m。喷播植草的面积＝总的绿化种植区面积－竹林的种植面积－绿篱的种植面积。其中，200.00m² 是竹林的面积（题中已给出）。

 工程量计算

喷播植草的面积＝30×50－200－60×1.5＝1210.00（m²）

清单工程量计算见表 2-4。

表 2-4   **清单工程量计算表**

序号	项目编码	项目名称	项目特征描述	计量单位	工程量
1	050102001001	栽植乔木	法国梧桐	株	14
2	050102001002	栽植乔木	银杏	株	9
3	050102001003	栽植乔木	紫叶李	株	5
4	050102001004	栽植乔木	大叶女贞	株	4
5	050102004001	栽植棕榈类	棕榈	株	4
6	050102002001	栽植灌木	海桐	株	6
7	050102005001	栽植绿篱	瓜子黄杨	m	60.00
8	050102003001	栽植竹类	竹林	株	50
9	050101010001	整理绿化用地	整理绿化用地	m²	1500.00
10	050102013001	喷播植草（灌木）籽	喷播植草	m²	1210.00

【例2】某街头绿地有1条"S"形的绿化色带，一个半弧长为5.6m，宽1.5m，如图2-2所示，试求其工程量。

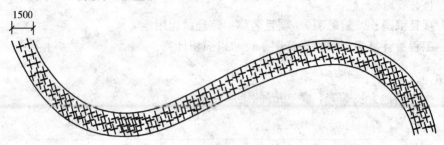

图2-2　"S"形绿化色带

注：一个半弧长为5.6m。

【解】

　　项目编码：050102007　项目名称：栽植色带

　　工程量计算规则：按设计图示尺寸以面积计算。

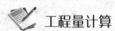 识图与分析

一个半弧长5.6m，一共有两个半弧；绿化色带宽度为1500mm。

　　 工程量计算

"S"形绿化色带的面积＝5.6×1.5×2＝16.80（m²）

清单工程量计算见表2-5。

表2-5　　　　　　　　　　　清单工程量计算表

项目编码	项目名称	项目特征描述	计量单位	工程量
050102007001	栽植色带	1. S形绿化色带 2. 一个半弧长为5.6m，宽1.5m	m²	16.80

【例3】某绿化带建两条绿篱，如图2-3所示，试求其工程量。

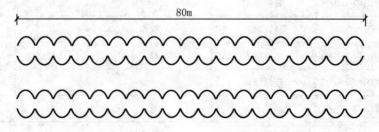

图2-3　绿篱

【解】

项目编码：050102005　　**项目名称：栽植绿篱**

工程量计算规则：按设计图示以长度或面积计算。

 识图与分析

每行绿篱长度为80m，一共两行绿篱。

 工程量计算

绿篱长度 $L=80\times2=160$（m）

清单工程量计算见表2-6。

表2-6　　　　　　　　　　　　清单工程量计算表

项目编码	项目名称	项目特征描述	计量单位	工程量
050102005001	栽植绿篱	两行	m	160.00

【例4】 某公园带状绿地位于公园大门口入口处南端，长100m，宽15m。由于绿地较窄，绿地两边种植中等乔木，绿地中配植了一定数量的常绿树木和花灌木，丰富了植物色彩，如图2-4所示，求该绿地工程量。

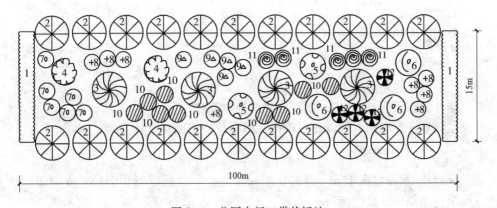

图2-4　公园大门口带状绿地

备注：带状绿地两边绿篱长15m，宽5m，绿篱内种植小叶女贞

1—小叶女贞；2—合欢；3—广玉兰；4—樱花；5—碧桃；6—红叶李

7—丁香；8—金钟花；9—榆叶梅；10—黄杨球；11—紫薇；12—贴梗海棠

【解】

（1）**项目编码：**050102005　　**项目名称：栽植绿篱**

工程量计算规则：以米计量，按设计图示长度以延长米计算。

 识图与分析

绿地两边均有绿篱，绿篱每边长15m，宽5m，绿篱内种植小叶女贞。绿篱的总长度是单排绿篱长×2排。

　工程量计算

15×2＝30（m）

（2）**项目编码：**050102001　**项目名称：栽植乔木**

工程量计算规则：按设计图示数量计算。

　识图与分析

合欢22株；广玉兰4株；樱花2株；红叶李3株；碧桃2株。

（3）**项目编码：**050102002　**项目名称：栽植灌木**

工程量计算规则：按设计图示数量计算。

　识图与分析

丁香6株；金钟花8株；榆叶梅5株；黄杨球9株；紫薇5株；贴梗海棠4株。

（4）**项目编码：**050101010　**项目名称：整理绿化用地**

工程量计算规则：按设计图示尺寸以面积计算。

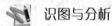　识图与分析

绿地长100m，宽15m。

　工程量计算

人工整理绿化用地100×15＝1500（m²）

（5）**项目编码：**050102012　**项目名称：铺种草皮**

工程量计算规则：按设计图示尺寸以绿化投影面积计算。

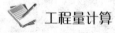　识图与分析

绿地长100m，宽15m。绿篱长15m，宽5m，2排绿篱。铺种草皮的面积＝总的绿化面积－绿篱的面积。

　工程量计算

铺种草皮面积＝100×15－15×5×2＝1350（m²）

清单工程量计算见表2-7。

表2-7　　　　　　　　　　　　**清单工程量计算表**

序号	项目编码	项目名称	项目特征描述	计量单位	工程量
1	050102005001	栽植绿篱	小叶女贞，2行	m	30.00
2	050102001001	栽植乔木	合欢	株	22

续表

序号	项目编码	项目名称	项目特征描述	计量单位	工程量
3	050102001002	栽植乔木	广玉兰	株	4
4	050102001003	栽植乔木	樱花	株	2
5	050102001004	栽植乔木	红叶李	株	3
6	050102001005	栽植乔木	碧桃	株	2
7	050102002001	栽植灌木	丁香	株	6
8	050102002002	栽植灌木	金钟花	株	8
9	050102002003	栽植灌木	榆叶梅	株	5
10	050102002004	栽植灌木	黄杨球	株	9
11	050102002005	栽植灌木	紫薇	株	5
12	050102002006	栽植灌木	贴梗海棠	株	4
13	050101010001	整理绿化用地	人工整理绿化用地	m²	1500.00
14	050102012001	铺种草皮	铺草卷	m²	1350.00

【例5】某立交桥局部绿化设计如图2-5所示，其中整理绿化用地为850m²，有茶花丛200m²，草地面积为620m²，试求其工程量。

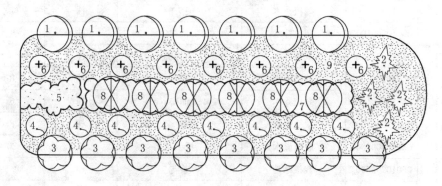

图2-5 某立交桥局部绿化设计图

1—馒头柳；2—桧柏；3—夹竹桃；4—香樟

5—栀子花；6—紫叶李；7—茶花；8—油松；9—黑麦草

注：茶花丛200m²，草地面积620m²，栀子花20株。

【解】

（1）**项目编码**：050102001　　**项目名称**：栽植乔木

　　工程量计算规则：按设计图示数量计算。

　　🖋 识图与分析

馒头柳7株；桧柏4株；夹竹桃8株；香樟8株；油松6株。

(2) **项目编码：** 050102002 **项目名称：** 栽植灌木

工程量计算规则： 按设计图示数量计算。

识图与分析

紫叶李 8 株；栀子花 20 株。

(3) **项目编码：** 050102005 **项目名称：** 栽植绿篱

工程量计算规则： 按设计图示以长度计算。

识图与分析

茶花 32.00m。

(4) **项目编码：** 050102013 **项目名称：** 喷播植草（灌木）籽

工程量计算规则： 按设计图示尺寸以面积计算。

识图与分析

黑麦草 620.00m²。

清单工程量计算见表 2-8。

表 2-8 清单工程量计算表

序号	项目编码	项目名称	项目特征描述	计量单位	工程量
1	050102001001	栽植乔木	馒头柳	株	7
2	050102001002	栽植乔木	桧柏	株	4
3	050102001003	栽植乔木	夹竹桃	株	8
4	050102001004	栽植乔木	香樟	株	8
5	050102001005	栽植乔木	油松	株	6
6	050102002001	栽植灌木	紫叶李	株	8
7	050102002002	栽植灌木	栀子花	株	20
8	050102005001	栽植绿篱	茶花	m	32.00
9	050102013001	喷播植草（灌木）籽	黑麦草	m²	620.00

【例 6】 某小区娱乐场地要进行绿化，图 2-6 是局部绿化带，试求其工程量。

【解】

(1) **项目编码：** 050102004 **项目名称：** 栽植棕榈类

工程量计算规则： 按设计图示数量计算。

识图与分析

蒲葵 6 株。

(2) **项目编码：** 050102002 **项目名称：** 栽植灌木

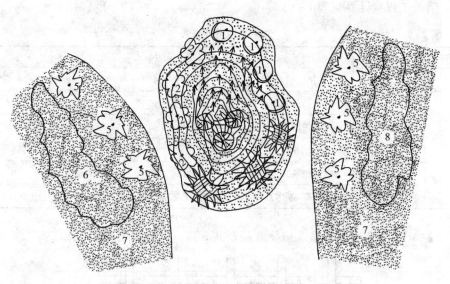

图 2-6 局部绿化带

1—银杏；2—广玉兰；3—雪松；4—紫叶李；5—蒲葵

6—月季；7—红花酢浆草；8—鸢尾

注：月季 5 株/m²，总占地面积 38m²；鸢尾 5 株/m²，总占地面积 36m²；红花酢浆草 8000m²。

工程量计算规则：按设计图示数量计算。

 识图与分析

紫叶李 3 株；　雪松 3 株。

（3）**项目编码：** 050102008　**项目名称：** 栽植花卉

工程量计算规则：按设计图示数量或面积计算。

 识图与分析

月季总占地面积为 38m²，5 株/m²；

鸢尾总占地面积为 36m²，5 株/m²。

 工程量计算

月季株数＝38×5＝190（株）

鸢尾株数＝36×5＝180（株）

（4）**项目编码：** 050102013　**项目名称：** 喷播植草（灌木）籽

工程量计算规则：按设计图示尺寸以面积计算。

 识图与分析

红花酢浆草 8000.00m²

清单工程量计算见表2-9。

表2-9   清单工程量计算表

序号	项目编码	项目名称	项目特征描述	计量单位	工程量
1	050102004001	栽植棕榈类	蒲葵	株	6
2	050102002001	栽植灌木	紫叶李	株	3
3	050102002002	栽植灌木	雪松	株	3
4	050102008001	栽植花卉	月季	株	190
5	050102008002	栽植花卉	鸢尾	株	180
6	050102013001	喷播植草（灌木）籽	红花酢浆草	m^2	8000.00

【例7】如图2-7所示，攀缘植物紫藤，共5株，试求其工程量。

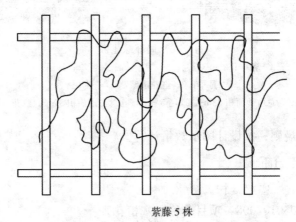

紫藤5株

图2-7 攀缘植物

【解】

    项目编码：050102006   项目名称：栽植攀缘植物

    工程量计算规则：按设计图示数量计算。

    识图与分析

攀缘植物紫藤5株。

清单工程量计算见表2-10。

表2-10   清单工程量计算表

项目编码	项目名称	项目特征描述	计量单位	工程量
050102006001	栽植攀缘植物	紫藤	株	5

【例8】 某场地要栽植 5 株黄山栾（胸径 5.6～7cm，高 4.0～5m，球径 60cm，定杆高 3～3.5m），种植在 3m×35m 的区域内，树下铺置草坪，养护乔木时间为半年，如图 2-8 所示。计算各分部分项清单工程量。

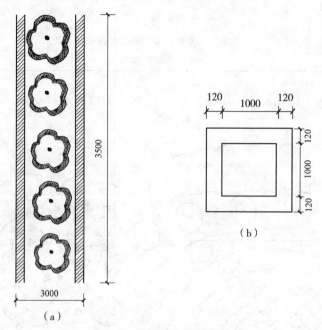

图 2-8　某场地种植示意图
(a) 种植带；(b) 树池

【解】

（1）**项目编码**：050102012　**项目名称**：铺种草皮

　　工程量计算规则：按设计图示尺寸以绿化投影面积计算。

　　　识图与分析

　　种植带长 35m，宽 3m；树池正方形边长（1+0.12×2）m，有 5 个树池。草皮面积＝种植带面积－树池面积。

　　　工程量计算

　　草坪的面积 $S_{草}$ ＝3×35－（1+0.12×2）^{2}×5＝97.31（m^2）

（2）**项目编码**：050102001　**项目名称**：栽植乔木

　　工程量计算规则：按设计图示数量计算。

　　　识图与分析

　　植物乔木 5 株。

　　清单工程量计算见表 2-11。

表 2 - 11   清单工程量计算表

序号	项目编码	项目名称	项目特征描述	计量单位	工程量
1	050102001001	栽植乔木	黄山栾，胸径 5.6～7cm，高4.0～5m，球径 60cm，养护期半年	株	5
2	050102012001	铺种草皮	草坪铺设，种植带长 35m，宽 3m，正方形树池长 1.24m	m²	97.31

【例9】某地为了扩建需要，需将图 2 - 9 绿地上的植物进行挖掘、清除，试求其工程量。

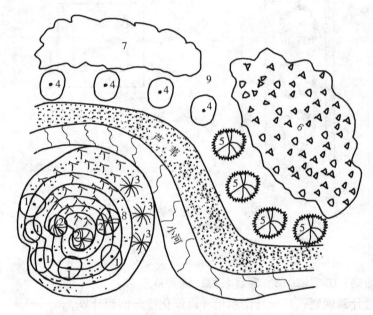

图 2 - 9 某绿地局部示意图

1—银杏；2—五角枫；3—白玉兰；4—白蜡；5—木槿

6—紫叶小檗；7—大叶黄杨；8—白三叶及缀花小草；9—竹林

注：紫叶小檗480株，丛高 1.6m；大叶黄杨 360 株，丛高 2.5m；竹林 160 株，根直径 10cm；芦苇根占地面积 8.00m²，丛高 1.8m；白三叶草及缀花小草占地面积 110.00m²，丛高 0.6m；挖树根地径均在 30cm 以内。

【解】

（1）项目编码：050101002   项目名称：挖树根（蔸）

工程量计算规则：按数量计算。

 识图与分析

银杏 5 株；五角枫 3 株；白蜡 4 株；白玉兰 3 株；木槿 4 株。

 **工程量计算**

5＋3＋4＋3＋4＝19（株）

（2）**项目编码：** 050101003　**项目名称：砍挖灌木丛及根**

　　工程量计算规则： 按数量计算。

识图与分析

紫叶小檗 480 株丛（<u>丛高 1.6m</u>）。

大叶黄杨 360 株丛（<u>丛高 2.5m</u>）。

（3）**项目编码：** 050101004　**项目名称：砍挖竹及根**

　　工程量计算规则： 按数量计算。

识图与分析

竹林 160 株（根直径 10cm）。

（4）**项目编码：** 050101005　**项目名称：砍挖芦苇（或其他水生植物及根）**

　　工程量计算规则： 按面积计算。

识图与分析

芦苇根 8.00m² （<u>丛高 1.8m</u>）。

（5）**项目编码：** 050101006　**项目名称：清除草皮**

　　工程量计算规则： 按面积计算。

识图与分析

白三叶草及缀花小草 110.00m²（<u>丛高 0.6m</u>）。

清单工程量计算见表 2 - 12。

表 2 - 12　　　　　　　　　　　清单工程量计算表

序号	项目编码	项目名称	项目特征描述	计量单位	工程量
1	050101002001	挖树根（蔸）	地径均在 30cm 以内	株	19
2	050101003001	砍挖灌木丛及根	丛高 1.6m	株	480
3	050101003002	砍挖灌木丛及根	丛高 2.5m	株	360
4	050101004001	砍挖竹及根	根盘直径 10cm	株	160
5	050101005001	砍挖芦苇（或其他水生植物及根）	丛高 1.8m	m²	8.00
6	050101006001	清除草皮	丛高 0.6m	m²	110.00

【例10】 图2 - 10 为某绿地喷灌设施图，主管道为镀锌钢管 DN40，承压力为 1MPa，管口直径为 26mm；分支管道为 UPVC 管，承压力为 0.5MPa，管口直径为 20mm，管道上装有低压螺纹阀门，直径为 28mm。主管道每条长 60m，分支管道每条长 20m，管道口装有喇叭口喷头，试求其工程量。

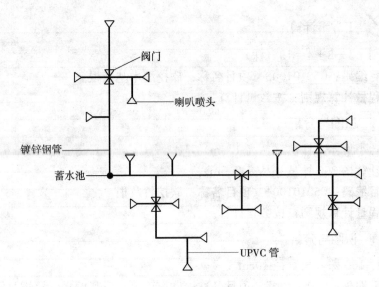

图 2 - 10　喷灌设施图

【解】

（1）**项目编码**：050103001　**项目名称**：喷灌管线安装

工程量计算规则：按设计图示尺寸以长度计算。

 识图与分析

镀锌钢管 DN40：2 根，每根长 60m；

UPVC 管：20 根，每根长 20.00m。

工程量计算

镀锌钢管长度＝60×2＝120（m）

UPVC 管长度＝20×20＝400（m）

（2）**项目编码**：050103002　**项目名称**：喷灌配件安装

识图与分析

由图看出阀门 5 个；喇叭喷头有 20 个。

清单工程量计算见表 2 - 13。

表 2 - 13　　　　　　　　　　清单工程量计算表

序号	项目编码	项目名称	项目特征描述	计量单位	工程量
1	050103001001	喷灌管线安装	主管道镀锌钢管 DN40 低压螺纹阀门，承压力 1MPa，管口直径 26mm	m	120.00

续表

序号	项目编码	项目名称	项目特征描述	计量单位	工程量
2	050103001002	喷灌管线安装	分支管道 UPVC 管喇叭口喷头，承压力 0.5MPa，管口直径 28mm	m	400.00
3	050103002001	喷灌配件安装	阀门	个	5
4	050103002002	喷灌配件安装	喇叭喷头	个	20

【例11】某住宅小区内有一绿地如图2-11所示，现重新整修，需要把以前所种植物全部更新，绿地面积为 320m²，绿地中两个灌木丛占地面积为 80m²，竹林面积为 50m²。场地需要重新平整，绿地内为普坚土，挖出土方量为 130m³，种入植物后还余 30m³，试求其工程量。

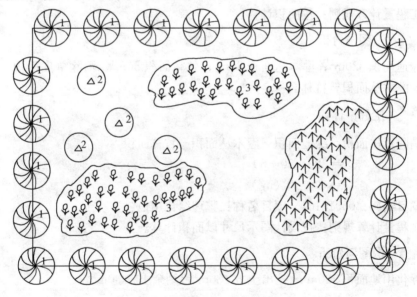

图 2-11 某小区绿地

1—毛白杨；2—红叶李；3—月季；4—竹子

注：绿地面积 320m²；灌木丛面积共 80m²；竹林面积共 50m²；毛白杨离地面 20cm 处树干直径在 30cm 以内有 15 株，40cm 以内有 8 株；红叶李离地面 20cm 处树干直径在 30cm 以内；挖出土方量 130m³；回填后剩余土方量 30m³。

【解】

(1) 项目编码：050101002　项目名称：挖树根（蔸）

工程量计算规则：按数量计算。

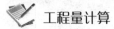 识图与分析

毛白杨直径 30cm 以内的有 15 株，直径在 40cm 以内的有 8 株。红叶李 4 株。

(2) **项目编码：**050101003　**项目名称：**砍挖灌木丛及根

工程量计算规则：按数量计算。

识图与分析

月季 65 株。

(3) **项目编码：**050101004　**项目名称：**砍挖竹及根

工程量计算规则：按数量计算。

识图与分析

竹子 52 株。

(4) **项目编码：**050101006001　**项目名称：**消除草皮

工程量计算规则：按面积计算。

识图与分析

绿地面积 320m²；灌木丛面积 80m²；竹林面积 50m²。消除草皮面积＝绿地面积－灌木丛面积－竹林面积。

工程量计算

消除草皮面积＝绿地面积－灌木丛面积－竹林面积
　　　　　　＝320－80－50
　　　　　　＝190.00（m²）

(5) **项目编码：**05010101　**项目名称：**整理绿化用地

工程量计算规则：按设计图示尺寸以面积计算。

识图与分析

绿化用地面积 320m²。挖出土方 130m³，剩余土方 30m³。

工程量计算

整理绿化用地工程量＝320.00（m²）

挖土方量＝130（m³）

填入土方量＝130－30
　　　　　＝100.00（m³）

清单工程量计算见表 2-14。

表 2 - 14　　　　　　　　　　　清单工程量计算表

序号	项目编码	项目名称	项目特征描述	计量单位	工程量
1	050101002001	挖树根（蔸）	毛白杨，离地面 20cm 处树干直径在 30cm 以内	株	15
2	050101002002	挖树根（蔸）	毛白杨，离地面 20cm 处树干直径在 40cm 以内	株	8
3	050101002003	挖树根（蔸）	红叶李，离地面 20cm 处树干直径在 30cm 以内	株	4
4	050101003001	砍挖灌木丛及根	月季，胸径 10cm 以下	株	65
5	050101004001	砍挖竹及根	竹子	株	52
6	050101006001	消除草皮	人工清除草皮	m²	190.00
7	050101010001	整理绿化用地	人工整理绿化用地	m²	320.00
8	010101002001	挖一般土方	普坚土	m²	130.00
9	010103001001	回填方	普坚土	m²	100.00

【例 12】图 2 - 12 所示为某局部绿化示意图，共有 4 个入口，有 4 个一样大小的模纹花坛，试求铺种草皮工程量、模纹种植工程量（养护三年）。

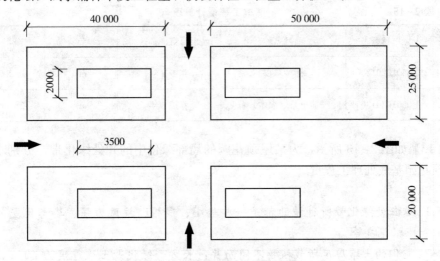

图 2 - 12　某局部绿化示意图

【解】

（1）铺种草皮工程量

项目编码：050102012　项目名称：铺种草皮

工程量计算规则：按设计图示尺寸以绿化投影面积计算。

 识图与分析

四个矩形绿化尺寸分别是 40m×25m，50m×25m，40m×20m，50m×20m；四个矩形模纹种植尺寸各是 2m×3.5m。

 工程量计算

$S=40\times25+50\times25+50\times20+40\times20-3.5\times2\times4$

$\quad=1000+1250+1000+800-28$

$\quad=4022.00\ (m^2)$

（2）模纹种植工程量

项目编码：050102013　**项目名称：**喷播植草（灌木）籽

工程量计算规则：按设计图尺寸以绿化投影面积计算。

 识图与分析

模纹花坛尺寸 2m×3.5m，共 4 个模纹花坛。

 工程量计算

$S=2\times3.5\times4=28.00\ (m^2)$

清单工程量计算见表 2 - 15。

表 2 - 15　　　　　　　　　　　清单工程量计算表

序号	项目编码	项目名称	项目特征描述	计量单位	工程量
1	050102012001	铺种草皮	养护 3 年	m²	4022.00
2	050102013001	喷播植草（灌木）籽	养护 3 年	m²	28.00

【例 13】如图 2 - 13 所示，为某屋顶花园的局部绿化中的几处绿化带，分别求其屋顶花园基底处理工程量。

注：

1. 这三处绿化带所种植的都是一些矮小、浅根、抗风力强、姿态优美的花灌木和球根花卉等。

2. 它们的土壤厚度所栽植物不同而异：长方形绿化带土壤厚度为 40cm，三角形绿化带土壤厚度为 60cm，梯形绿化带土壤厚度为 70cm。

【解】

项目编码：050101012　**项目名称：**屋顶花园基底处理

工程量计算规则：按设计图示尺寸以面积计算。

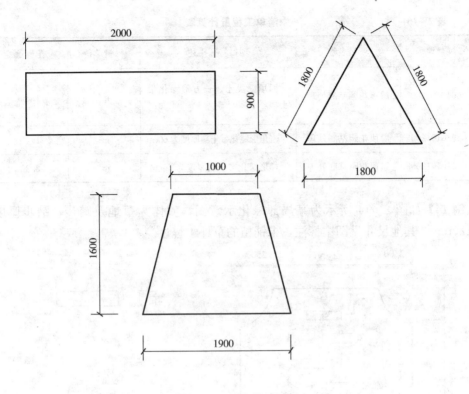

图 2-13 绿化带平面图

识图与分析

长方形绿化带尺寸 2m×0.9m；三角形绿化带尺寸每边长 1.8m；梯形绿化带尺寸上底 1m，下底 1.9m，高 1.6m。由图可看出，三角形绿化带的各边相等，为等边三角形，则等边三角形的三个内角分别是 60°。此等边三角形的面积为 $\frac{1}{2}\times\sin60°\times1.8\times1.8$。

工程量计算

长方形绿化带面积 $S=$ 长×宽 $=2\times0.9=1.80$（m^3）

三角形绿化带面积 $S=S_{三角形}=\frac{1}{2}\times\sin60°\times1.8\times1.8=1.40$（$m^3$）

梯形绿化带面积 $S=S_{梯}=\frac{1}{2}$（上底+下底）$\times h$

$$=\frac{1}{2}\times(1+1.9)\times1.6=2.32$$（m^3）

清单工程量计算见表 2-16。

表 2-16   清单工程量计算表

项目编码	项目名称	项目特征描述	计量单位	工程量
050101012001	屋顶花园基底处理	回填三类土。长方形绿化带土壤厚 40cm	m²	1.80
050101012002	屋顶花园基底处理	三角形绿化带土壤厚度为 60cm	m²	1.40
050101012003	屋顶花园基底处理	梯形绿化带土壤厚度为 70cm	m²	2.32

【例 14】 如图 2-14 所示为某局部绿化示意图，整体为草地及踏步，踏步厚度 120mm，其他尺寸见图中标注，求铺植的草坪工程量。

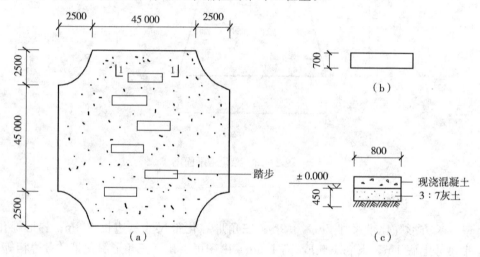

图 2-14 某局部绿化示意图

(a) 平面图；(b) 踏步平面图；(c) 1-1 剖面图

【解】

项目编码：050102012   **项目名称：**铺种草皮

工程量计算规则：按设计图示尺寸以绿化投影面积计算。

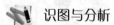 识图与分析

草坪为边长 (2.5+45+2.5)m 的正方形去掉 4 个半径为 2.5m 的 $\frac{1}{4}$ 圆。草坪上铺有 0.8m×0.7m 的踏步 6 个。

铺种草皮面积=边长 (2.5+45+2.5) 的正方形面积-4 个 $\frac{1}{4}$ 圆面积-踏步

面积

 工程量计算

$$S = (2.5 \times 2 + 45)^2 - \frac{3.14 \times 2.5^2}{4} \times 4 - 0.8 \times 0.7 \times 6$$
$$= 2500 - 19.625 - 3.36 = 2477.02 \ (\text{m}^2)$$

清单工程量计算见表 2-17。

表 2-17　　　　　　　　　　清单工程量计算表

项目编码	项目名称	项目特征描述	计量单位	工程量
050102012001	铺种草皮	铺种草坪	m²	2477.02

【例 15】如图 2-15 所示为某小区绿化中的局部绿篱示意图，分别计算单排绿篱、双排绿篱及 5 排绿篱工程量。

弧长 17.6m

图 2-15　绿篱示意图

【解】

项目编码：050102005　**项目名称：栽植绿篱**

工程量计算规则： 1. 以米计量，按设计图示长度以延长米计算。

　　　　　　　　　　2. 以平方米计算，按设计图示尺寸以绿化水平投影面积计算。

 识图与分析

由工程量清单规则可知，单排绿篱、双排绿篱均按设计图示长度以米计算，而多排绿篱则按设计图示以平方米计算。绿篱单排长度 17.60m。栽种绿篱的宽度为 0.75m。

 工程量计算

单排绿篱工程量：17.60m

双排绿篱工程量：17.6×2=35.20（m）

5 排绿篱工程量：17.6×0.75×5=66.00（m²）

清单工程量计算见表 2-18。

表 2 - 18   清单工程量计算表

序号	项目编码	项目名称	项目特征描述	计量单位	工程量
1	050102005001	栽植绿篱	单行	m	17.60
2	050102005002	栽植绿篱	双行	m	35.20
3	050102005003	栽植绿篱	5 行	m²	66.00

【例 16】如图 2 - 16 所示为一个局部绿化示意图，共有 7 种植物，在图中已有所标注，其中绿篱共 3 排，弧长见图中标记，宽度均为 400mm，求绿化工程量（三类土）。

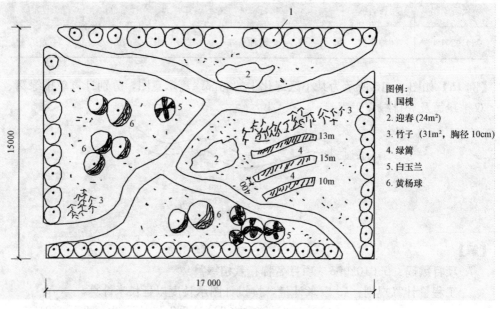

图 2 - 16   局部绿化示意图
注：迎春和竹子按 2 株/m² 计算。

【解】

(1) **项目编码**：050102001   **项目名称**：栽植乔木

工程量计算规则：按设计图示数量计算。

识图与分析

国槐 54 株。

(2) **项目编码**：050102002   **项目名称**：栽植灌木

工程量计算规则：以株计量，按设计图示数量计算。

识图与分析

迎春 24m²，黄杨球 7 株。迎春 2 株/m²。

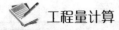 **工程量计算**

24×2＝48 (株)

(3) **项目编码：**050102003 **项目名称：**栽植竹类

工程量计算规则：按图示设计数量计算。

识图与分析

竹子 31m², 2 株/m²。

工程量计算

31×2＝62 (株)

(4) **项目编码：**050102005 **项目名称：**栽植绿篱

工程量计算规则：按设计图示尺寸以绿化水平投影面积计算。

识图与分析

三条绿篱，每条宽度 400mm；长度分别分 10m，15m，13m。

工程量计算

0.4× (10＋15＋13) ＝15.20 (m²)

(5) **项目编码：**050102008 **项目名称：**栽植花卉

工程量计算规则：以平方米计算，按设计图示尺寸以绿化水平投影面积计算。

识图与分析

白玉兰 5 株。

(6) **项目编码：**050101010 **项目名称：**整理绿化用地

工程量计算规则：按设计图示尺寸以面积计算。

识图与分析

绿地尺寸 15m×17m。

工程量计算

$S＝15×17＝255.00$ (m²)

清单工程量计算见表 2 - 19。

表 2 - 19　　　　　　　　　　清单工程量计算表

序号	项目编码	项目名称	项目特征描述	计量单位	工程量
1	050102001001	栽植乔木	国槐	株	54
2	050102002001	栽植灌木	迎春	株	48

续表

序号	项目编码	项目名称	项目特征描述	计量单位	工程量
3	050102002002	栽植灌木	黄杨球	株	7
4	050102003001	栽植竹类	胸径 10cm	株	62
5	050102005001	栽植绿篱	3 行	m²	15.20
6	050102008001	栽植花卉	白玉兰	株	5
7	050101010001	整理绿化用地	三类土	m²	255.00

【例 17】 如图 2 - 17 所示为绿地整理的一部分，包括树、树根、灌木丛、竹根、芦苇根、草皮的清理，求工程量。

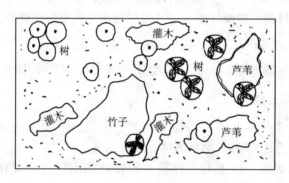

图 2 - 17　绿地整理局部示意图

注：树干胸径均为 10cm 以内；灌木丛丛高 1.5m；竹根根盘直径 5cm；芦苇占地
面积 17m²，丛高 1.6m；草皮占地面积 85m²，丛高 25cm。

【解】

（1）项目编码：050102001　项目名称：砍伐乔木

工程量计算规则：按数量计算。

识图与分析

从图中数出树木 14 株。

（2）项目编码：050102002　项目名称：挖树根（蔸）

工程量计算规则：按数量计算。

识图与分析

从图中数出树木 14 株。

（3）项目编码：050102003　项目名称：砍挖灌木丛及根

工程量计算规则：以株计量，按数量计算。

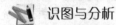　识图与分析

(4) **项目编码：** 050102004　　**项目名称：砍挖竹及根**

　　工程量计算规则： 按数量计算。

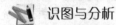　识图与分析

1 丛。

(5) **项目编码：** 050102005　　**项目名称：砍挖芦苇（或其他水生植物及根）**

　　工程量计算规则： 按面积计算。

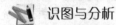　识图与分析

芦苇占地面积 $17m^2$。

(6) **项目编码：** 050102006　　**项目名称：清除草皮**

　　工程量计算规则： 按面积计算。

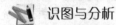　识图与分析

草皮占地面积 $85m^2$。

清单工程量计算见表 2 - 20。

表 2 - 20　　　　　　　　　　　　清单工程量计算表

序号	项目编码	项目名称	项目特征描述	计量单位	工程量
1	050101001001	砍伐乔木	树干胸径 10cm	株	14
2	050101002001	挖树根（蔸）	树干胸径 10cm	株	14
3	050101003001	砍挖灌木丛	丛高 1.5m	株	3
4	050101004001	挖竹根	根盘直径 5cm	丛	1
5	050101005001	挖芦苇根	丛高 1.6m	m^2	17.00
6	050101006001	清除草皮	丛高 25cm	m^2	85.00

【例 18】 如图 2 - 18 所示为一个绿化用地，该地为一个不太规则的绿地，各尺寸在图中已标出，求工程量（二类土）。

【解】

　　项目编码： 05010101　　**项目名称：整理绿化用地**

　　工程量计算规则： 按设计图示尺寸以面积计算。

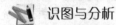　识图与分析

图形面积为上底 50m，下底 20m，高(21＋22) m的梯形减去底为 20m，高为

22m 的三角形。

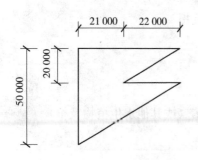

$$S = (50+20) \times (21+22) \times \frac{1}{2}$$
$$\quad - \frac{1}{2} \times 20 \times 22$$
$$= 70 \times 43 \times \frac{1}{2} - 220$$
$$= 1505 - 220$$
$$= 1285 \ (m^2)$$

工程量计算

图 2-18　绿化用地示意图
注：整理厚度±20cm。

清单工程量计算见表 2-21。

表 2-21　　　　　　　清单工程量计算表

项目编码	项目名称	项目特征描述	计量单位	工程量
050101010001	整理绿化用地	二类土	m²	1285.00

【例 19】如图 2-19 所示为某屋顶花园，各尺寸如图所示，求屋顶花园基底处理工程量（找平层厚 150mm，防水层厚 140mm，过滤层厚 40mm，需填轻质土壤 150mm）。

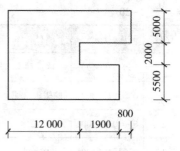

图 2-19　某屋顶花园示意图

【解】

项目编码：050101012　项目名称：屋顶花园基底处理

工程量计算规则：按设计图示尺寸以面积计算。

　识图与分析

设计图面积由三个矩形组成，尺寸分别为 (12+1.9+0.8) m×5m，12m×2m，(12+1.9) m×5.5m。

工程量计算

$$S = (12+1.9+0.8) \times 5 + 12 \times 2 + (12+1.9) \times 5.5$$
$$= 73.5 + 24 + 76.45$$
$$= 173.95 \ (m^2)$$

清单工程量计算见表 2-22。

表 2 - 22   **清单工程量计算表**

项目编码	项目名称	项目特征描述	计量单位	工程量
050101012001	屋顶花园基底处理	找平层厚 150mm，防水层厚 140mm，过滤层厚 40mm，需填轻质土壤 150mm	m²	173.95

【例20】如图 2 - 20 所示为某小区绿化局部，以栽植花木为主，各种花木已在图中标出，求工程量（养护期均为 3 年）。

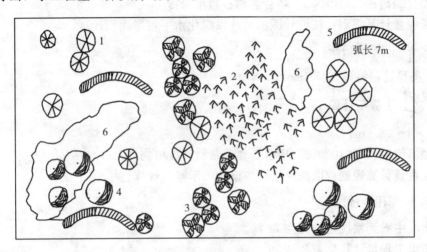

图 2 - 20 某小区绿化局部示意图

1—乔木；2—竹类；3—棕榈类；4—灌木；5—绿篱；6—攀缘植物

注：攀缘植物约 72 株。

【解】

（1）**项目编码**：050102001   **项目名称**：栽植乔木

    工程量计算规则：按设计图示数量计算。

 识图与分析

乔木 11 株。

（2）**项目编码**：050102003   **项目名称**：栽植竹类

    工程量计算规则：按设计图示数量计算。

 识图与分析

竹类 1 丛。

（3）**项目编码**：050102004   **项目名称**：栽植棕榈类

    工程量计算规则：按设计图示数量计算。

 **识图与分析**

棕榈类 13 株。

(4) **项目编码**：050102002　**项目名称**：栽植灌木

工程量计算规则：以株计量，按设计图示数量计算。

识图与分析

灌木 13 株。

(5) **项目编码**：050102005　**项目名称**：栽植绿篱

工程量计算规则：按设计图示尺寸以绿化水平投影面积计算。

识图与分析

4 条绿篱，每条弧长 7m。

工程量计算

7×4＝28（m）

(6) **项目编码**：050102006　**项目名称**：栽植攀援植物

工程量计算规则：以株计量，按设计图示数量计算。

识图与分析

图注中看到攀援植物约为 72 株。

清单工程量计算见表 2 - 23。

表 2 - 23　　　　　　　　　　清单工程量计算表

序号	项目编码	项目名称	项目特征描述	计量单位	工程量
1	050102001001	栽植乔木	养护期 3 年	株	11
2	050102003001	栽植竹类	养护期 3 年	丛	1
3	050102004001	栽植棕榈类	养护期 3 年	株	13
4	050102002001	栽植灌木	养护期 3 年	株	9
5	050102005001	栽植绿篱	4 行，养护 3 年	m	28.00
6	050102006001	栽植攀缘植物	养护 3 年	株	72

【**例 21**】如图 2 - 21 所示为一个栽植工程局部示意图，图中有一花坛，长 6m，宽 2m，水池尺寸如图所示，求工程量（植物养护期为 2 年）。

【**解**】

(1) **项目编码**：050102007　**项目名称**：栽植色带

工程量计算规则：按设计图示尺寸以绿化水平投影面积计算。

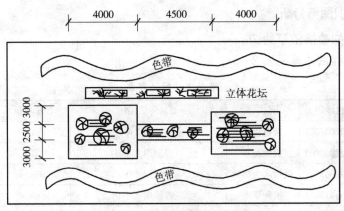

图 2 - 21 栽植工程局部示意图

注：1. 色带弧长均为 16m 色带宽 2m。
　　2. 草皮约 215m²。
　　3. 喷播植草 75m²。
　　4. 花卉约 82 株。
　　5. 栽植水生植物 5 丛。

 识图与分析

2 条色带，每条色带弧长 16m，宽 2m。

工程量计算

$16 \times 2 \times 2 = 64.00$ （m²）

（2）**项目编码**：050102008　**项目名称**：栽植花卉
工程量计算规则：按设计图示数量计算。

识图与分析

花卉约 82 株。

（3）**项目编码**：050102009　**项目名称**：栽植水生植物
工程量计算规则：按设计图示数量计算。

识图与分析

栽植水生植物 5 丛。

（4）**项目编码**：050102012　**项目名称**：播种草皮
工程量计算规则：按设计图示尺寸以绿化投影面积计算。

识图与分析

由图注知草皮约 215m²。

（5）**项目编码**：050102013　**项目名称**：喷播植草籽
工程量计算规则：按设计图示尺寸以绿化投影面积计算。

 识图与分析

由图注知喷播植草约 75m²。

清单工程量计算见表 2-24。

表 2-24　　　　　　　　清单工程量计算表

序号	项目编码	项目名称	项目特征描述	计量单位	工程量
1	050102007001	栽植色带	养护期 2 年	m²	64.00
2	050102008001	栽植花卉	养护期 2 年	株	82
3	050102009001	栽植水生植物	养护期 2 年	丛	5
4	050102012001	铺种草皮	养护期 2 年	m²	215.00
5	050102013001	喷播植草	养护期 2 年	m²	75.00

【例 22】 某街头小区绿化带如图 2-22 所示，种植紫叶小檗绿化带，宽 1.2m（二类土，色带养护 2 年）。试求其工程量。

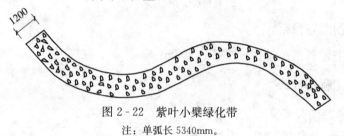

图 2-22　紫叶小檗绿化带

注：单弧长 5340mm。

【解】

（1）平整场地

项目编码：050101010　**项目名称：**整理绿化用地

工程量计算规则：按设计图示尺寸以面积计算。

识图与分析

绿化带单弧长 5.34m，宽 1.2m。

工程量计算

$S=$弧长×宽$=5.34×1.2×2=12.82$（m²）

（2）栽植色带

项目编码：050102007　**项目名称：**栽植色带

工程量计算规则：按设计图示尺寸以面积计算。

识图与分析

该街头小区栽植的是紫叶小檗的绿化带，单弧长 5340mm，宽 1.2m。

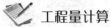 工程量计算

$S=5.34×1.2=6.41$（m²）

清单工程量计算见表 2-25。

表 2-25　　　　　　　　　　清单工程量计算表

序号	项目编码	项目名称	项目特征描述	计量单位	工程量
1	050101010001	整理绿化用地	二类土	m²	12.82
2	050102007001	栽植色带	养护 2 年	m²	6.41

【例 23】如图 2-23 所示为某地绿篱（绿篱为双行，高 50cm），试求其工程量。

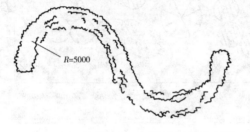

$R=5000$

图 2-23　某地绿篱示意图

【解】

项目编码：050102005　项目名称：栽植绿篱

工程量计算规则：以米计算，按设计图示长度以延长米计算。

 识图与分析

绿篱曲线由两个半圆组成，半圆半径为 5m。

 工程量计算

$$L=\pi R×2×2=3.14×5.0×2×2=62.8（m）$$

清单工程量计算见表 2-26。

表 2-26　　　　　　　　　　清单工程量计算表

项目编码	项目名称	项目特征描述	计量单位	工程量
050102005001	栽植绿篱	篱高 50cm，2 行	m	62.80

【例 24】某长方形绿化区（50m×70m）内种有乔木、灌木花卉等各种绿化植物。如图 2-24 所示，求其工程量。

【解】

（1）乔木

项目编码：050102001　项目名称：栽植乔木

工程量计算规则：按设计图示数量计算。

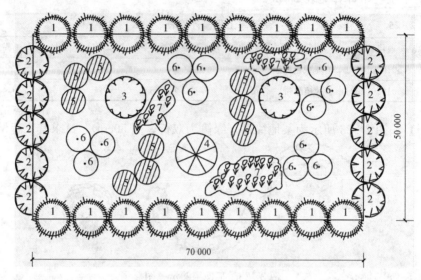 识图与分析

悬铃木 18 株；国槐 10 株；月桂 2 株；广玉兰 1 株。

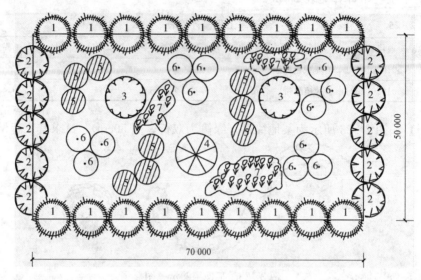

图 2-24　长方形绿化区

1—悬铃木；2—国槐；3—月桂；4—广玉兰；5—黄杨球；6—榆叶梅；7—月季

注：喷播植草占地 350m²。种植树木是铃木胸径 20cm 以内；国槐胸径 12cm 以内；月桔胸径 20cm 以内；
　　广玉兰胸径 10cm 以内；黄杨球高度 1.8m 以内；榆叶梅高度 1.5m 以内。

（2）灌木

　　项目编码：050102002　**项目名称**：栽植蒋木

　　工程量计算规则：以株计量，按设计图示数量计算。

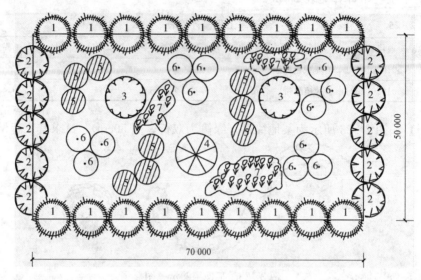 识图与分析

黄杨球 9 株；榆叶梅 12 株。

（3）花卉

　　项目编码：050102008　**项目名称**：栽植花卉

　　工程量计算规则：按设计图示数量计算。

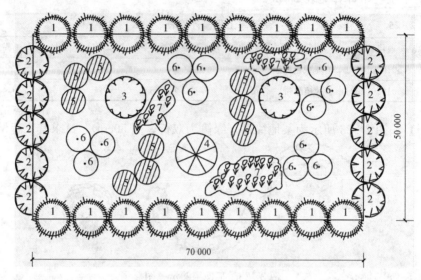 识图与分析

月季 30 株。

（4）人工整理绿化用地

　　项目编码：050101010　**项目名称**：整理绿化用地

　　工程量计算规则：按设计图示尺寸以面积计算。

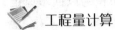
识图与分析

绿化区为矩形 70m×50m。

工程量计算

$70×50=3500（m^2）$

清单工程量计算见表 2 - 27。

表 2 - 27　　　　　　　　　　清单工程量计算表

序号	项目编码	项目名称	项目特征描述	计量单位	工程量
1	050102001001	栽植乔木	悬铃木，胸径 20cm 以内	株	18
2	050102001002	栽植乔木	国槐，胸径 12cm 以内	株	10
3	050102001003	栽植乔木	月桂，胸径 20cm 以内	株	2
4	050102001004	栽植乔木	广玉兰，胸径 10cm 以内	株	1
5	050102002001	栽植灌木	黄杨球，高度 1.8m 以内	株	9
6	050102002002	栽植灌木	榆叶梅，高度 1.5m 以内	株	12
7	050102008001	栽植花卉	月季	株	30
8	050101010001	整理绿化用地	人工整理绿化用地	m²	3500.00
9	050102013001	喷播植草	坡度 1:1 以上	m²	3500.00

【例 25】根据图 2 - 25、图 2 - 26 所示，求回填种植土的工程量。

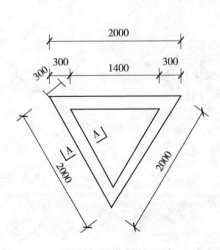

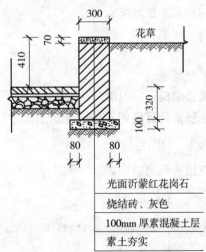

图 2 - 25　花坛平面图　　　　　　图 2 - 26　A—A 花坛剖面图

【解】

　　项目编码： 050101009　**项目名称：种植土回填**

　　工程量计算规则： 以立方米计算，按设计图示回填面积乘以回填厚度以体积计算。

　识图与分析

回填部分为内三角形，回填厚度为（0.1＋0.32＋0.41－0.07）m。

　工程量计算

$$V = \frac{1}{2}（内三角形的长×高_1）×高_2$$

$$= \frac{1}{2}×1.4×1.4×\sin60°×（0.1＋0.32＋0.41－0.07）$$

$$= 0.46（m^3）$$

清单工程量计算见表 2-28。

表 2-28　　　　　　　　　　　　清单工程量计算表

项目编码	项目名称	项目特征描述	计量单位	工程量
050101009001	种植土回（换）填	松填	m^3	0.46

【例 26】 有一长方形花坛，长 1.8m，宽 1.1m，如图 2-27、图 2-28 所示，求以下工程量：

　　（1）平整场地；

　　（2）人工挖地坑；

　　（3）回填种植土。

【解】

（1）平整场地

　　项目编码： 050101010　**项目名称：整理绿化用地**

　　工程量计算规则： 按设计图示尺寸以面积计算。

　识图与分析

花坛平面为矩形，尺寸为 1.8m×1.1m。

　工程量计算

$$S=长×宽=1.8×1.1=1.98（m^2）$$

（2）人工挖地坑

　　项目编码： 010101003　**项目名称：挖基坑土方**

　　工程量计算规则： 按设计图示尺寸以 m^3 计算。

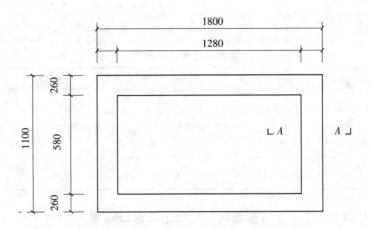

图 2-27 花坛平面图

 识图与分析

挖土水平面为矩形，尺寸为 1.8m×1.1m，挖土深度为 (0.36+0.1) m。

 工程量计算

$V=$ 长×宽×深
$=1.8×1.1×$
$(0.36+0.1)$
$=0.91 \ (m^3)$

(3) 回填种植土

项目编码：050101009 **项目名称**：种植土回填

工程量计算规则：按设计图示回填面积乘以回填厚度，以体积计算。

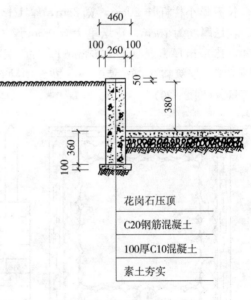

花岗石压顶

C20钢筋混凝土

100厚C10混凝土

素土夯实

图 2-28 A—A 花坛剖面图

 识图与分析

回填面积为内矩形面积 1.28m×0.58m，回填厚度为 (0.1+0.36+0.38) m。

 工程量计算

$V=$ 内矩形面积×高
$=1.28×0.58×(0.1+0.36+0.38)$
$=0.62 \ (m^3)$

清单工程量计算见表 2-29。

表 2-29 清单工程量计算表

序号	项目编码	项目名称	项目特征描述	计量单位	工程量
1	050101010001	整理绿化用地	人工平整三类土 绿化用地	m²	1.98
2	010101003001	挖基坑土方	人工挖三类土土方	m³	0.91
3	050101009001	种植土回（换）填	人工回填种植土	m³	0.62

【例27】某广场中心有一正方形花坛，花坛边长为5m，离地面高1m，花坛表面四周安有铁栏杆，铁栏杆为箭头形，高1m，箭头为等边三角形，边长为12cm，每根铁栏杆宽12cm，厚2cm 两根栏杆之间间隔20cm，中间有长方形小栏杆相连。长方形小栏杆长20cm，宽8cm，厚1cm。花坛表面贴有瓷砖，池壁为砖砌池壁。花坛厚度为70cm，花坛里为500mm厚人工回填普坚土，普坚土下为100mm厚砂，150mm厚素混凝土，260mm厚3∶7灰土，素土夯实。沿花坛内壁四周种植一圈绿篱，绿篱高0.6m,宽0.3m，花坛中种有月季，每株占地面积为0.01m²，求工程量。(图2-29)

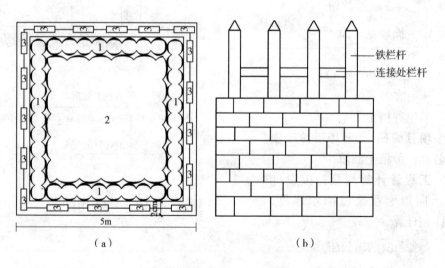

图 2-29 砖砌花坛示意图（一）

(a) 花坛平面图；(b) 花坛立面图

1—绿篱；2—月季；3—铁栏杆

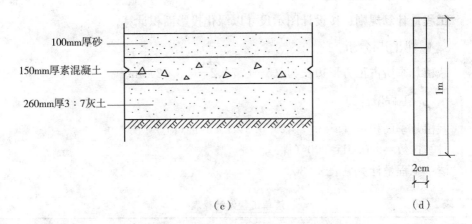

图 2-29 砖砌花坛示意图（二）

(c) 基础剖面图；(d) 铁栏杆侧立面图

【解】

（1）**项目编码：** 050307006 **项目名称：** 铁艺栏杆

工程量计算规则： 按设计图示尺寸以长度计算。

 识图与分析

箭头形铁栏杆高 1m，宽 0.12m，厚 0.02m；箭头形铁栏杆之间由长方形小栏杆连接，两根箭头形铁栏杆之间间隔 0.2m。长方形小栏杆长 0.2m，宽 0.08m，厚 0.01m。花坛为边长为 5m 的正方形。

工程量计算

铁栏杆根数＝（5×4）/（0.12＋0.2）＝63（根）

长方形小栏杆根数＝63（根）

箭头形铁栏杆长度＝63×1＝63（m）

长方形小栏杆长度＝63×0.2＝12.6（m）

铁栏杆总长度＝63＋12.6＝75.6（m）

（2）**项目编码：** 050102005 **项目名称：** 栽植绿篱

工程量计算规则： 按设计图示长度以延长米计算。

识图与分析

绿篱的边长为花坛边长减去花坛两边的厚度，即（5−0.7×2），绿篱共四边，等长。

工程量计算

绿篱长度＝（5−0.7×2）×4＝14.4（m）

（3）**项目编码：** 050102008 **项目名称：** 栽植花卉

工程量计算规则：按设计图示尺寸以绿化投影面积计算。

 识图与分析

栽植月季所占正方形边长为（5−0.7×2−0.3×2）m。

 工程量计算

栽植月季面积＝（5−0.7×2−0.3×2）^{2}＝9（m^2）

月季株数＝9/0.01＝900（株）

清单工程量计算见表2-30。

表2-30 　　　　　　　　　　　**清单工程量计算表**

序号	项目编码	项目名称	项目特征描述	计量单位	工程量
1	050307006001	铁艺栏杆	铁栏杆为箭头形，高1m，箭头为等边三角形，边长为12cm，每根铁栏杆宽12cm，厚2cm两根栏杆之间间隔20cm，中间有长方形小栏杆相连。长方形小栏杆长20cm，宽8cm，厚1cm	m	75.60
2	050102005001	栽植绿篱	绿篱高0.6m，高0.3m	m	14.40
3	050102008001	栽植花卉	月季，每株占地面积为0.01m^2	株	900

【例28】如图2-30所示，试求工程量。

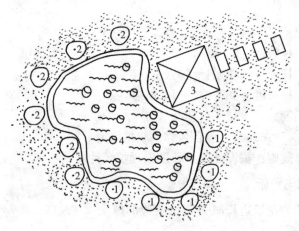

图2-30　某绿地局部示意图

1—垂柳；2—广玉兰；3—亭子；4—水生植物；5—高羊茅

注：垂柳5株；广玉兰6株；水生植物100丛；高羊茅1000m^2。

【解】

(1) **项目编码：**0500102001　**项目名称：**栽植乔木

　　工程量计算规则：按设计图示数量计算。

　识图与分析

垂柳5株；广玉兰6株。

(2) **项目编码：**050102009　**项目名称：**栽植水生植物

　　工程量计算规则：按设计图示数量计算。

　识图与分析

水生植物100丛。

(3) **项目编码：**050102012　**项目名称：**铺种草皮

　　工程量计算规则：按设计图示尺寸以绿化投影面积计算。

　识图与分析

高羊茅1000m²。

清单工程量计算见表2-31。

表2-31　　　　　　　　　　清单工程量计算表

序号	项目编码	项目名称	项目特征描述	计量单位	工程量
1	050102001001	栽植乔木	垂柳	株	5
2	050102001002	栽植乔木	广玉兰	株	6
3	050102009001	栽植水生植物	养护三年	丛	100
4	050102012001	铺种草皮	高羊茅	m²	1000.00

第三章 园路、园桥工程

第一节 园路、园桥工程清单计算规范

（1）园路、园桥工程工程量清单项目设置及工程量计算规则应按表3-1的规定执行。

表 3-1　　　　　　　　　园路、园桥工程（编码：050201）

项目编码	项目名称	项目特征	计量单位	工程量计算规则	工程内容
050201001	园路	1. 路床土石类别 2. 垫层厚度、宽度、材料种类 3. 路面厚度、宽度、材料种类 4. 砂浆强度等级	m²	按设计图示尺寸以面积计算，不包括路牙	1. 路基、路床整理 2. 垫层铺筑 3. 路面铺筑 4. 路面养护
050201003	路牙铺设	1. 垫层厚度、材料种类 2. 路牙材料种类、规格 3. 砂浆强度等级	m	按设计图示尺寸以长度计算	1. 基层清理 2. 垫层铺设 3. 路牙铺设
050201004	树池围牙、盖板（算子）	1. 围牙材料种类、规格 2. 铺设方式 3. 盖板材料种类、规格	1. m 2. 套	1. 以米计量，按设计图示尺寸以长度计算 2. 以套计量，按设计图示数量计算	1. 清理基层 2. 围牙、盖板运输 3. 围牙、盖板铺设
050201005	嵌草砖（格）铺装	1. 垫层厚度 2. 铺设方式 3. 嵌草砖（格）品种、规格、颜色 4. 漏空部分填土要求	m²	按设计图示尺寸以面积计算	1. 原土夯实 2. 垫层铺设 3. 铺砖 4. 填土

续表

项目编码	项目名称	项目特征	计量单位	工程量计算规则	工程内容
050201006	桥基础	1. 基础类型 2. 垫层及基础材料种类、规格 3. 砂浆强度等级	m³	按设计图示尺寸以体积计算	1. 垫层铺筑 2. 起重架搭、拆 3. 基础砌筑 4. 砌石
050201007	石桥墩、石桥台	1. 石料种类、规格 2. 勾缝要求 3. 砂浆强度等级、配合比			1. 石料加工 2. 起重架搭、拆 3. 墩、台、券石、券脸砌筑 4. 勾缝
050201008	拱券石				
050201009	石券脸	1. 石料种类、规格 2. 券脸雕刻要求 3. 勾缝要求 4. 砂浆强度等级、配合比	m²	按设计图示尺寸以面积计算	
050201010	金刚墙砌筑		m³	按设计图示尺寸以体积计算	1. 石料加工 2. 起重架搭、拆 3. 砌石 4. 填土夯实
050201011	石桥面铺筑	1. 石料种类、规格 2. 找平层厚度、材料种类 3. 勾缝要求 4. 混凝土强度等级 5. 砂浆强度等级	m²	按设计图示尺寸以面积计算	1. 石材加工 2. 抹找平层 3. 起重架搭、拆 4. 桥面、桥面踏步铺设 5. 勾缝
050201012	石桥面檐板	1. 石料种类、规格 2. 勾缝要求 3. 砂浆强度等级、配合比			1. 石材加工 2. 檐板铺设 3. 铁锔、银锭安装 4. 勾缝
050201013	石汀步（步石、飞石）	1. 石料种类、规格 2. 砂浆强度等级、配合比	m³	按设计图示尺寸以体积计算	1. 基层整理 2. 石材加工 3. 砂浆调运 4. 砌石
050201014	木制步桥	1. 桥宽度 2. 桥长度 3. 木材种类 4. 各部位截面长度 5. 防护材料种类	m²	按桥面板设计图示尺寸以面积计算	1. 木桩加工 2. 打木桩基础 3. 木梁、木桥板、木桥栏杆、木扶手制作、安装 4. 连接铁件、螺栓安装 5. 刷防护材料

（2）驳岸、护岸工程量清单项目设置及工程量计算规则应按表 3‐2 的规定执行。

表 3‐2　　　　　　　　　驳岸、护岸（编码：050202）

项目编码	项目名称	项目特征	计量单位	工程量计算规则	工程内容
050202001	石（卵石）砌驳岸	1. 石料种类、规格 2. 驳岸截面、长度 3. 勾缝要求 4. 砂浆强度等级、配合比	1. m³ 2. t	1. 以立方米计量，按设计图示尺寸以体积计算 2. 以吨计量，按质量计算	1. 石料加工 2. 砌石（卵石） 3. 勾缝
050202002	原木桩驳岸	1. 木材种类 2. 桩直径 3. 桩单根长度 4. 防护材料种类	1. m 2. 根	1. 以米计量，按设计图示桩长（包括桩尖）计算 2. 以根计量，按设计图示数量计算	1. 木桩加工 2. 打木桩 3. 刷防护材料
050202003	满（散）铺砂卵石护岸（自然护岸）	1. 护岸平均　宽度 2. 粗细砂比例 3. 卵石粒径	1. m² 2. t	1. 以平方米计量，按设计图示尺寸以护岸展开面积计算 2. 以吨计量，按卵石使用质量计算	1. 修边坡 2. 铺卵石
050202004	点（散）布大卵石	1. 大卵石粒径 2. 数量	1. 块（个） 2. t	1. 以块（个）计量，按设计图示数量计算 2. 以吨计量，按卵石使用质量计算	1. 布石 2. 安砌 3. 成型

（3）其他工程量清单项目设置及工程量计算规则应按表 3‐3 的规定执行（借用仿古建筑工程工程量清单计算规范）。

表 3 - 3   其   他

项目编码	项目名称	项目特征	计量单位	工程量计算规则	工程内容
020202004	栏板	1. 石料种类、构件规格、构件式样 2. 石表面加工要求及等级 3. 雕刻种类、形式 4. 勾缝要求 5. 砂浆强度等级	1. m 2. m² 3. 块	1. 以米计量，按石料断面分别以延长米计算 2. 以平方米计量，按设计图示尺寸以面积计算 3. 以块计量，按设计图示尺寸以数量计算	1. 选料、放样、开料 2. 石构件制作 3. 石构件雕刻 4. 吊装 5. 运输 6. 铺砂浆 7. 安装、校正、修正缝口、固定
020201006	地伏石	1. 粘结层材料种类、厚度、砂浆强度等级 2. 石料种类、构件规格 3. 石表面加工要求及等级 4. 保护层材料种类	m²	按设计图示尺寸以水平投影面积计算	1. 基层清理 2. 石构件制作 3. 材料运输、安装、校正、修正缝口、固定 4. 刷防护材料

第二节　工程量计算示例

【例 1】某商场外停车场为砌块嵌草路面，长 500m，宽 300m，120mm 厚混凝土空心砖，40mm 厚粗砂垫层，200mm 厚碎石垫层，素土夯实。路面边缘设置路牙，挖槽沟深 180mm，用 3:7 灰土垫层，厚度为 160mm，路牙高 160mm，宽 100mm，求该停车场工程量（图 3 - 1）。

【解】

（1）**项目编码**：050201001　**项目名称**：园路

　　工程量计算规则：按设计图示尺寸以面积计算，不包括路牙。

 识图与分析

园路长 500m，宽 300m。

 工程量计算

$S = 500 \times 300 = 150\ 000$（m²）

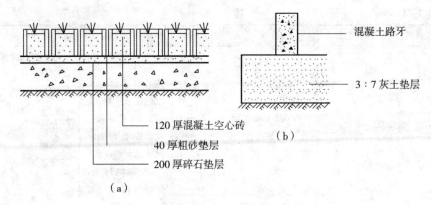

图 3-1   某停车场路面图

(a) 停车场剖面图；(b) 停车场路牙剖面图

注：园路长 500m，宽 300m；混凝土空心砖 120mm 厚；路牙设置在路面两侧边缘。

(2) **项目编码**：050201005   **项目名称**：嵌草砖（格）铺设

工程量计算规则：按设计图示尺寸以面积计算。

 识图与分析

空心砖铺筑路面，铺筑尺寸同路面。

 工程量计算

$S = 500 \times 300 = 150\ 000$（m²）

(3) **项目编码**：050201003   **项目名称**：路牙铺设

工程量计算规则：按设计图示尺寸以长度计算。

 识图与分析

道路长 500m，路牙为道路两侧。

 工程量计算

$500 \times 2 = 1000$（m）

清单工程量计算见表 3-4。

表 3-4   **清单工程量计算表**

序号	项目编码	项目名称	项目特征描述	计量单位	工程量
1	050201001001	园路	120mm 厚混凝土空心砖，40mm 厚粗砂垫层，200mm 厚碎石垫层，素土夯实	m²	150 000.00

序号	项目编码	项目名称	项目特征描述	计量单位	工程量
2	050201005001	嵌草砖铺装	40mm 厚粗砂垫层，20mm 厚碎石垫层，混凝土空心砖	m²	150 000.00
3	050201003001	路牙铺设	3:7 灰土垫层厚 160mm，路牙高 160mm，宽 100mm	m	1000.00

【例2】某桥在檐口处钉制花岗石檐板，用银锭安装，共用 50 个银锭，起到封闭作用。檐板每块宽 0.3m，厚 5.5cm，桥宽 20m，桥长 80m，求工程量（图 3-2）。

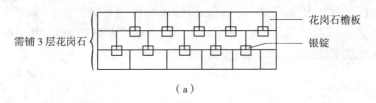

（a）

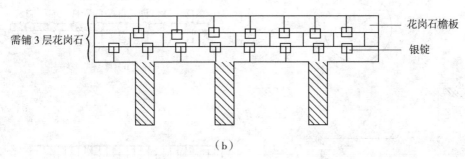

（b）

图 3-2 桥正、侧立面图

（a）桥侧立面图；（b）桥正立面图

【解】

项目编码： 050201012 **项目名称：石桥面檐板**

工程量计算规则： 按设计图示尺寸以面积计算。

识图与分析

桥宽方向花岗石檐板 3 层，每层高度 0.3m，单侧宽度为桥宽 20m。

桥长方向花岗石檐板 3 层，每层高度 0.3m，单侧宽度为桥长 80m。

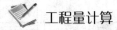 工程量计算

花岗石檐板表面积$S_1=0.3\times3\times20=18$（$m^2$）

$$S_2=0.3\times3\times80=72\text{（m}^2\text{）}$$

$$S=2S_1+2S_2=2\times18+2\times72=180\text{（m}^2\text{）}$$

清单工程量计算见表 3-5。

表 3-5　　　　　　　　　　　　清单工程量计算表

项目编码	项目名称	项目特征描述	计量单位	工程量
050201012001	石板面檐板	花岗石檐板，每块宽 0.3m，厚 5.5cm，桥宽 20m，桥长 80m	m^2	180.00

【例3】有一木制步桥，桥宽 3m，长 15m，木梁宽 20cm，桥板面厚 4cm，桥边缘装有直接栏杆，每根长 0.3m，宽 0.2m，桥身构件喷有防护漆。木柱基础为圆形，半径为 20cm，坑底深 0.5m，桩孔半径为 15cm。木桩长 2m，共 8 根，各木制构件用铁螺旋安装连接，求木制步桥工程量（图 3-3）。

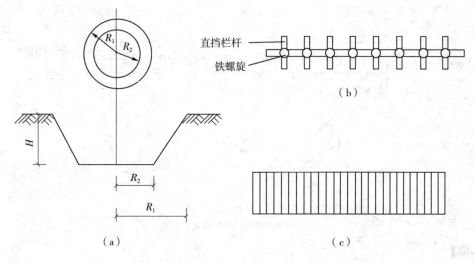

图 3-3　木桥各结构示意图

(a) 木柱基础图；(b) 木桥栏杆立面图；(c) 木桥板平面图

注：桥宽 3m，长 15m。

【解】

项目编码：050201014　项目名称：木制步桥

工程量计算规则：按桥面板设计图示尺寸以面积计算。

识图与分析

桥宽 3m，桥长 15m。

 工程量计算

$S = 15 \times 3 = 45$（m^2）

清单工程量计算见表 3-6。

表 3-6   **清单工程量计算表**

项目编码	项目名称	项目特征描述	计量单位	工程量
050201014001	木制步桥	桥宽 3m，长 15m，木梁宽 20cm，桥板面厚 4cm，直挡栏杆每根长 0.3m，宽 0.2m，桥身构件喷有防护漆。	m^2	45.00

【例 4】 某小游园中一园路路面为卵石路面，该路长 100m，宽 2.5m，70mm 厚混凝土栽小卵石，40mm 厚 M2.5 混合砂浆，200mm 厚碎砖三合土，求该园路工程量（图 3-4）。

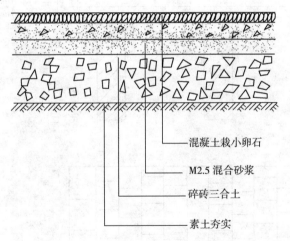

图 3-4 某园路剖面图

注：园路长 100m，宽 2.5m。

【解】

　　项目编码： 050201001 　**项目名称：** 园路

　　工程量计算规则： 按设计图示尺寸以面积计算，不包括路牙。

识图与分析

园路长 100m，宽 2.5m。

工程量计算

$S = 100 \times 2.5 = 250$（m^2）

清单工程量计算见表 3 - 7。

表 3 - 7 清单工程量计算表

项目编码	项目名称	项目特征描述	计量单位	工程量
050201001001	园路	70mm 厚混凝土栽小卵石，40mm 厚混合砂浆，200mm 厚碎砖三合土	m^2	250.00

【例5】有一平桥，桥身长 100m，宽 25m，桥面为青白石石板铺装，石板厚 0.1m，石板下做防水层，采用 1mm 厚沥青和石棉沥青各一层作底，求工程量（图3-5）。

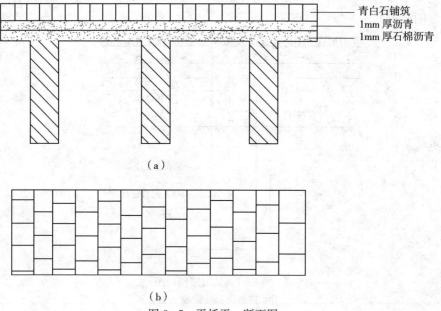

（a）

（b）

图 3-5 平桥平、断面图

（a）平桥断面图；（b）平桥平面图

注：桥身长 100m，宽 25m。

【解】

项目编码：050201011 项目名称：石桥面铺筑

工程量计算规则： 按设计图示尺寸以面积计算。

 识图与分析

桥身长 100m，宽 25m，石桥面铺筑的长宽同桥身长宽。

 工程量计算

$S=100\times25=2500$（m²）

清单工程量计算见表 3-8。

表 3-8　　　　　　　　清单工程量计算表

项目编码	项目名称	项目特征描述	计量单位	工程量
050201011001	石桥面铺筑	青白石石板铺装，石板厚 0.1m	m²	2500.00

【例6】 某河流堤岸为散铺卵石护岸，护岸长 100m，平均宽 12m，护岸表面铺卵石，70mm 厚混凝土栽卵石，卵石层下为 45mm 厚 M2.5 混合砂浆，200mm 厚碎砖三合土，80mm 厚粗砂垫层，素土夯实，求护岸清单工程量（图 3-6）。

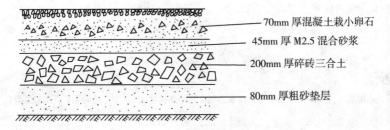

- 70mm 厚混凝土栽小卵石
- 45mm 厚 M2.5 混合砂浆
- 200mm 厚碎砖三合土
- 80mm 厚粗砂垫层

图 3-6　护岸剖面图

注：护岸长 100m，平均宽 12m。

【解】

项目编码： 050202003　**项目名称：** 满（散）铺砂卵石护岸

工程量计算规则： 按设计图示尺寸以护岸展开面积计算。

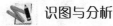 识图与分析

护岸长 100m，平均宽 12m。

 工程量计算

$S=长\times护岸平均宽=100\times12=1200$（m²）

清单工程量计算见表 3-9。

表 3-9　　　　　　　　　　　清单工程量计算表

项目编码	项目名称	项目特征描述	计量单位	工程量
050202003001	散铺砂卵石护岸（自然护岸）	平均度 12m	m²	1200.00

【例 7】 某公园有一条长 150m，宽 1.5m 的透水透气性园路，如图 3-7 所示为该园路局部路面剖面示意图。试求其工程量。

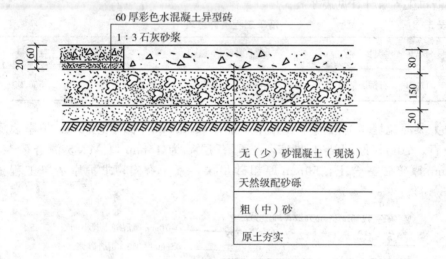

图 3-7　园路局部剖面示意图

注：1. 园路长度 150m，宽度 1.5m。

　　2. 彩色水混凝土异型砖的总长度占该透水透气性园路总长度的 3/5。并且同 1:3 石灰砂浆等长。

【解】

　　项目编码： 050201001　　**项目名称：** 园路

　　工程量计算规则： 按设计图示尺寸以面积计算，不包括路牙。

 识图与分析

园路长 150m，宽 1.5m。

 工程量计算

园路清单工程量＝长×宽＝150×1.5＝225（m²）

清单工程量计算见表 3-10。

表 3-10　　　　　　　　　　　清单工程量计算表

项目编码	项目名称	项目特征描述	计量单位	工程量
050201001001	园路	园路长 150m，宽 1.5m	m²	225.00

【例8】某道路长 200m，为了使其路面与路肩在高程上起衔接作用，并能保护路面，便于排水，因此在其道路的路面两侧安置道牙，如图 3-8 所示为平道牙剖面示意图，试求其工程量。

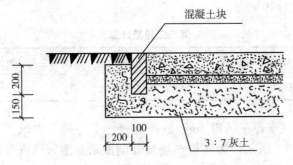

图 3-8 平道牙示意图

注：道路长 200m。

【解】

项目编码：050201003 项目名称：路牙铺设

工程量计算规则： 按设计图示尺寸以长度计算。

 识图与分析

该道路两边均安置道牙，所以道牙的工程量为 2 倍的道路长。

 工程量计算

$2 \times 200 = 400m$。

清单工程量计算见表 3-11。

表 3-11   清单工程量计算表

项目编码	项目名称	项目特征描述	计量单位	工程量
050201003001	路牙铺设	路牙铺设	m	400.00

【例9】有一正方形的树池，边长为 1.1m，其四周进行围牙处理，试求该树池围牙的工程量。

【解】

项目编码：050201003 项目名称：树池围牙

工程量计算规则： 按设计图示尺寸以长度计算。

 识图与分析

树池为正方形，边长 1.1m。

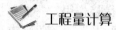 **工程量计算**

$L = 4 \times 1.1 = 4.4 \text{m}$

清单工程量计算见表 3 - 12。

表 3 - 12　　　　　　　　　　　清单工程量计算表

项目编码	项目名称	项目特征描述	计量单位	工程量
050201004001	树池围牙	树池围牙长 4.4m	m	4.40

【例 10】某单位汽车停车场用 100mm 厚混凝土空心砖（内填土壤种草）进行铺装地面，如图 3 - 9 所示，为该停车场局部剖面示意图，该汽车停车场长 100m，宽 50m，试求其工程量。

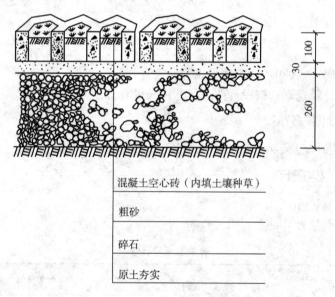

图 3 - 9　停车场嵌草砖铺装
注：汽车停车场长 100m，宽 50m。

【解】
　　项目编码： 050201005　　**项目名称：** 嵌草砖铺装
　　工程量计算规则： 按设计图示尺寸以面积计算。

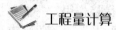 **识图与分析**

汽车停车场长 100m，宽 50m，嵌草混凝土空心砖铺装所占面积同汽车停车场面积。

 工程量计算

$S=长×宽=100×50=5000$（m^2）

清单工程量计算见表 3-13。

表 3-13　　　　　　　　　清单工程量计算表

项目编码	项目名称	项目特征描述	计量单位	工程量
050201005001	嵌草砖铺装	嵌草砖铺装	m^2	5000.00

【例 11】某校园内有一处嵌草砖铺装场地，场地长 50m，宽 20m，其局部剖面示意图如图 3-10 所示，试求其工程量。

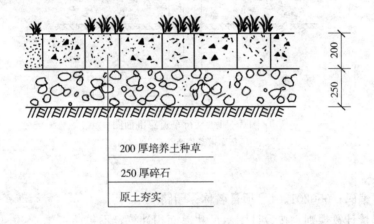

200 厚培养土种草

250 厚碎石

原土夯实

图 3-10　嵌草砖铺装

注：场地长 50m，宽 20m。

【解】

项目编码：050201005　**项目名称**：嵌草砖铺装

清单工程量计算规则：按设计图示尺寸以面积计算。

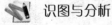 识图与分析

场地长 50m，宽 20m。嵌草砖铺筑所占面积同场地面积。

 工程量计算

$S=长×宽=50×20=1000$（m^2）

清单工程量计算见表 3-14。

表 3 - 14   清单工程量计算表

项目编码	项目名称	项目特征描述	计量单位	工程量
050201005001	嵌草砖铺装	嵌草砖铺装	m²	1000.00

【例 12】某一段行车道路长 200m，宽 30m，此道路为 25mm 厚水泥表面处理，级配碎石面层厚 90mm，碎石垫层厚 150mm，素土夯实，试求该路段工程量（图 3 - 11）。

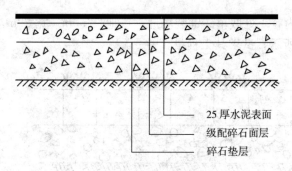

图 3 - 11   某行车道路剖面图
注：行车道路长 200m，宽 30m。

【解】

项目编码：050201001   **项目名称：**园路

工程量计算规则：按设计图示尺寸以面积计算，不包括路牙。

 识图与分析

行车道路长 200m，宽 30m。

 工程量计算

$S = $ 长 × 宽 $= 200 \times 30 = 6000$（m²）

清单工程量计算见表 3 - 15。

表 3 - 15   清单工程量计算表

项目编码	项目名称	项目特征描述	计量单位	工程量
050201001001	园路	150 厚碎石垫层，级配碎面层厚 90mm，25mm 厚水泥表面处理	m²	6000.00

【例 13】某圆形广场采用青砖铺设路面（无路牙），具体路面结构设计如图 3 - 12

所示，已知该广场半径为 15m，试求园路的工程量。

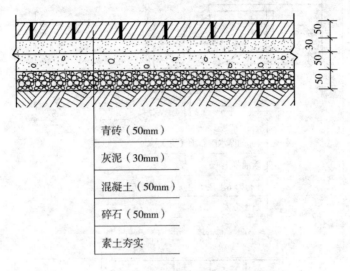

图 3-12 园路剖面示意图

注：圆形广场半径 15m。

【解】

项目编码：050201001 项目名称：园路

工程量计算规则：按设计图示尺寸以面积计算，不包括路牙。

 识图与分析

圆形广场半径 15m，圆路半径为 15m，圆形。

 工程量计算

园路工程量：$3.14 \times 15^2 = 706.50$（m^2）

清单工程量计算见表 3-16。

表 3-16 清单工程量计算表

项目编码	项目名称	项目特征描述	计量单位	工程量
050201001001	园路	青砖 50mm，灰泥 30mm，混凝土 50mm，碎石 50mm	m^2	706.50

【例 14】某景区为丰富景观，在景区一定地段设置台阶，以增加景观层次感，具体台阶设置构造如图 3-13 所示，试求台阶工程量（该地段台阶为 5 级）。

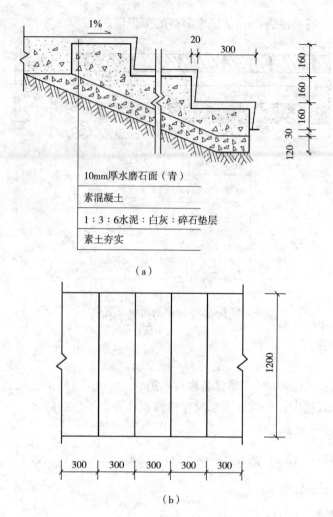

10mm厚水磨石面（青）

素混凝土

1:3:6水泥:白灰:碎石垫层

素土夯实

（a）

（b）

图 3-13　台阶设置构造图

（a）台阶剖面图；（b）台阶平面图

【解】

项目编码：050201001　项目名称：园路

工程量计算规则：按设计图示尺寸以面积计算，不包括路牙。

 识图与分析

踏步宽 0.3m，长 1.2m，共 5 级。

 工程量计算

$S = 0.3 \times 5 \times 1.2 = 1.80$（m²）

清单工程量计算见表 3-17。

表 3 - 17   清单工程量计算表

项目编码	项目名称	项目特征描述	计量单位	工程量
050201001001	园路	10mm 厚水磨石面，素混凝土，1：3：6 三合土垫层	m²	1.80

【例 15】 为了保护路面，一般会在道路的边缘铺设道牙，已知某园路长 20m，用机砖铺设道牙，具体结构如图 3 - 14 所示，试求道牙工程量（其中每两块道牙之间有 10mm 的水泥砂浆勾缝）。

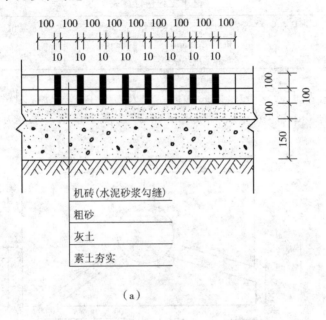

（a）

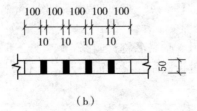

（b）

图 3 - 14 道牙铺设结构图

（a）剖面图；（b）平面图

注：园路长 20m。

【解】

项目编码：050201002 项目名称：路牙铺设

工程量计算规则：按设计图示尺寸以长度计算。

 识图与分析

园路 20m，路牙为园路两侧。

 工程量计算

$L=20×2=40$（m）

清单工程量计算见表 3-18。

表 3-18   清单工程量计算表

项目编码	项目名称	项目特征描述	计量单位	工程量
050201003001	路牙铺设	机砖 200mm，粗砂 100mm，灰土 150mm，机砖路牙	m	40.00

【例 16】 如图 3-15 所示为某园路局部，中央为一个小广场，园路各尺寸如图所示，园路为 200mm 厚砂垫层，150mm 厚 3∶7 灰土垫层，水泥方格砖路面，求园路工程量。

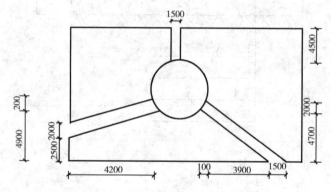

图 3-15　某园路局部示意图

【解】

项目编码：0500201001   **项目名称**：园路

工程量计算规则：按设计图示尺寸以面积计算，不包括路牙。

 识图与分析

园路为不规则图形，共三角园路，与圆形广场相交。求面积时要进行局部分解，而且与圆相接部分较为复杂，因此采用估算。

 工程量计算

$$园路铺装清单工程量=\frac{(4.5+5.1)×4.2}{2}-\frac{(2.5+4.9)×4.2}{2}+1.5×4.5$$

$$+\frac{(3.9+1.5)\times4.9}{2}-\frac{3.9\times4.7}{2}$$

$$=20.16-15.54+6.75+13.23-9.165$$

$$=15.44\ (\mathrm{m^2})$$

清单工程量计算见表 3-19。

表 3-19　　　　　　　　　清单工程量计算表

项目编码	项目名称	项目特征描述	计量单位	工程量
050201001001	园路	砂垫层厚 200mm，3：7灰土垫层厚 150mm	m²	15.44

【例 17】如图 3-16 所示为某园林道路局部断面图，此段道路长 17m，道牙宽 60mm，求道牙工程量。

【解】

　　项目编码：050201003　**项目名称：路牙铺设**

　　工程量计算规则：按设计图示尺寸以长度计算。

识图与分析

道路长度 17m，道牙为路面两侧。

工程量计算

$17\times2=34$（m）

清单工程量计算见表 3-20。

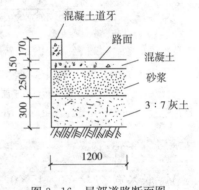

图 3-16　局部道路断面图

表 3-20　　　　　　　　　清单工程量计算表

项目编码	项目名称	项目特征描述	计量单位	工程量
050201003001	路牙铺设	3：7灰土垫层厚 300mm	m	34.00

【例 18】如图 3-17 所示为某个小广场平面和剖面示意图，求工程量。

【解】

（1）挖土方

　　项目编码：010101002　**项目名称：挖一般土方**

　　工程量计算规则：按设计图示尺寸以体积计算。

识图与分析

小广场长 60m，宽 45m，挖土深度（0.17+0.075）m。

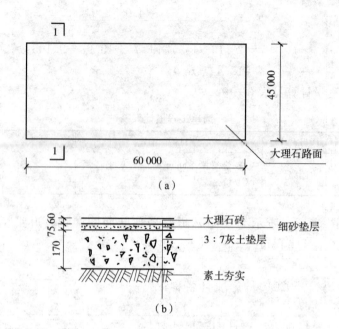

图 3-17 小广场示意图

(a) 平面示意图；(b) 剖面示意图

注：挖土深度 245m。

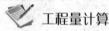 工程量计算

$V=长×宽×厚=60×45×0.245=661.50$（$m^3$）

（2）园路

项目编码：050201001 **项目名称**：园路

工程量计算规则：按设计图示尺寸以面积计算，不包括路牙。

识图与分析

小广场长度 60m，宽 45m。

工程量计算

$S=60×45=2700$（m^2）

清单工程量计算见表 3-21。

表 3-21 清单工程量计算表

序号	项目编码	项目名称	项目特征描述	计量单位	工程量
1	010101002001	挖一般土方	挖土深 0.245m	m^3	661.50

续表

序号	项目编码	项目名称	项目特征描述	计量单位	工程量
2	050201001001	园路	3∶7灰土垫层厚170mm,细砂垫层厚 75mm,贴大理石路面	m²	2700.00

【例 19】如图 3-18 所示为一个树池平面和围牙立面示意图,求围牙工程量(围牙平铺)。

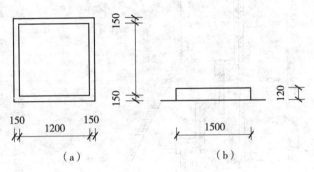

图 3-18 树池示意图
(a) 平面示意图;(b) 围牙立面示意图

【解】

项目编码: 050201004　**项目名称:树池围牙**

工程量计算规则: 围牙按设计图示尺寸以长度计算。

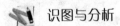 识图与分析

围牙围绕树池有 4 条,长度可以看作 2 条 1.2m、2 条(1.2+0.15+0.15)m。

 工程量计算

(0.15+1.2+0.15)×2+1.2×2=5.40 (m)

清单工程量计算见表 3-22。

表 3-22　　　　　　　　　清单工程量计算表

项目编码	项目名称	项目特征描述	计量单位	工程量
050201004001	树池围牙	平铺围牙	m	5.40

【例 20】如图 3-19 所示为一个局部台阶示意图,两头分别为路面,中间为 5 个台阶,求这个局部的园路工程量(园路不包括路牙)。

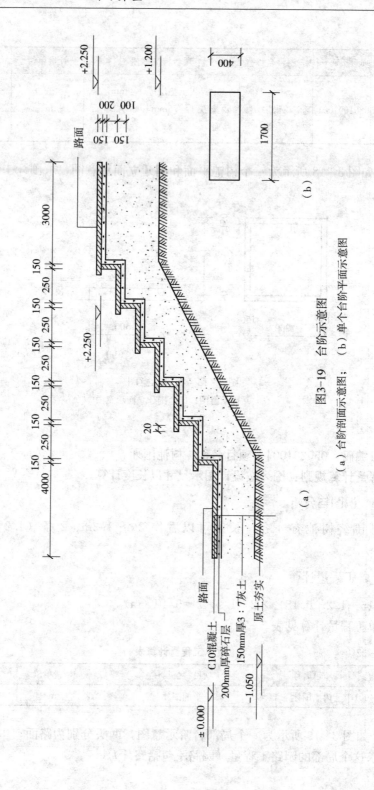

图3-19 台阶示意图

(a) 台阶剖面示意图； (b) 单个台阶平面示意图

【解】

　　项目编码：050201001　**项目名称：**园路

　　工程量计算规则：按设计图示尺寸以面积计算，不包括路牙。

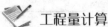 识图与分析

台阶投影尺寸（0.25×5+0.15×6）m×1.7m，两头路面分别为3m与4m。

工程量计算

$S=(4+0.25\times5+0.15\times6+3)\times1.7=15.55$（m²）

清单工程量计算见表3-23。

表 3-23　　　　　　　　　　　　清单工程量计算表

项目编码	项目名称	项目特征描述	计量单位	工程量
050201001001	园路	3∶7灰土垫层厚150mm，碎石垫层厚200mm，路面铺设大理石	m²	15.55

【例21】 如图3-20所示为一个树池示意图，各尺寸在图中已标注，求工程量。

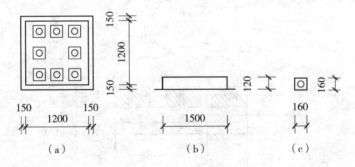

图 3-20　树池示意图

（a）平面示意图；（b）围牙立面示意图；（c）盖板平面示意图

【解】

　　项目编码：050201004　**项目名称：**树池围牙、盖板

　　工程量计算规则：围牙按设计图示尺寸以长度计算，盖板按设计图示数量计算。

 识图与分析

树池围牙有4条，长度1.5m，厚度为0.12m。树池盖板有8套。

 工程量计算

$L=1.5\times4=6.00$（m）

清单工程量计算见表 3-24。

表 3-24 清单工程量计算表

序号	项目编码	项目名称	项目特征描述	计量单位	工程量
1	050201004001	树池围牙、盖板	平铺围牙	m	6.00
2	050201004002	树池围牙、盖板	盖板规格 160mm×160mm	套	8

【例 22】 如图 3-21 所示为嵌草砖铺装局部示意图，各尺寸在图中已标出，求工程量。

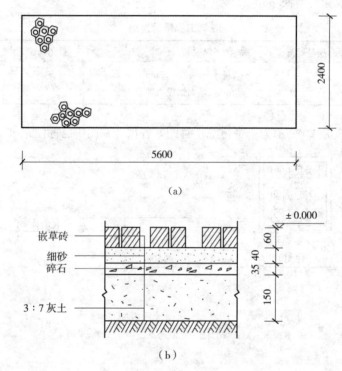

图 3-21 嵌草砖铺装示意图
(a) 平面示意图；(b) 局部断面示意图

【解】

项目编码：050201005 项目名称：嵌草砖铺装

工程量计算规则：按设计图示尺寸以面积计算。

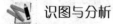 识图与分析

嵌草砖铺装尺寸 5.6m×2.4m。

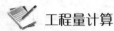工程量计算

$S = 5.6 \times 2.4 = 13.44$（$\text{m}^2$）

清单工程量计算见表 3 - 25。

表 3 - 25   清单工程量计算表

项目编码	项目名称	项目特征描述	计量单位	工程量
050201005001	嵌草砖铺装	3：7灰土垫层厚 150mm，碎石垫层厚 35mm，细砂垫层厚 40mm	m^2	13.44

【例 23】如图 3 - 22 所示为一个毛石桥墩剖面图及平面示意图，求其工程量。

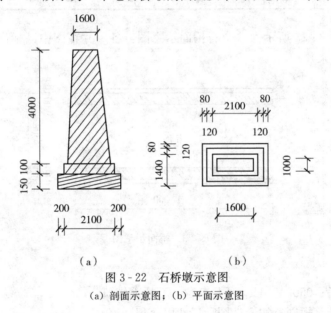

（a）   （b）

图 3 - 22 石桥墩示意图

（a）剖面示意图；（b）平面示意图

【解】

项目编码：050201007   项目名称：石桥墩、石桥台

工程量计算规则：按设计图示尺寸以体积计算。

识图与分析

由三个几何体组成，分别是 (2.1+0.2+0.2) m× (1.4+0.12+0.08) m ×0.15m、(2.1+0.12+0.12) m× (1.4+0.12−0.08) m×0.1m 的两个立方体和一个棱台，棱台上底面为 1.6m×1m，下底面为 2.1m×1.2m，高度为 4m。

工程量计算

$V = (2.1+0.2+0.2) \times (1.4+0.12+0.08) \times 0.15 + (2.1+0.12+$

$$0.12) \times (1.4+0.12-0.08) \times 0.1+\frac{1}{3} \times 4 \times (1.6 \times 1+2.1 \times 1.2+$$

$$\sqrt{1.6 \times 1 \times 2.1 \times 1.2})$$

$$=0.6+0.337+\frac{4}{3} \times (1.6+2.52+2)$$

$$=0.6+0.337+8.16$$

$$=9.10 \ (m^3)$$

清单工程量计算见表 3-26。

表 3-26 清单工程量计算表

项目编码	项目名称	项目特征描述	计量单位	工程量
050201007001	石桥墩、石桥台	毛石桥墩	m^3	9.10

【例 24】如图 3-23 所示为一个石桥面示意图，各尺寸在图中已标出，求工程量（M10 现浇砂浆）。

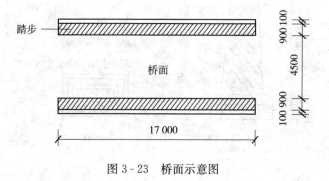

图 3-23 桥面示意图

【解】

    项目编码：050201011   **项目名称：**石桥面铺筑

    工程量计算规则：按设计图示尺寸以面积计算。

 识图与分析

石桥面长度 17m，宽度为 (0.1+0.9+4.5+0.9+0.1) m。

 工程量计算

$S=(0.1+0.9+4.5+0.9+0.1) \times 17=6.5 \times 17=110.50 \ (m^2)$

清单工程量计算见表 3-27。

表 3-27 清单工程量计算表

项目编码	项目名称	项目特征描述	计量单位	工程量
050201011001	石桥面铺筑	M10 混合砂浆	m^2	110.50

【例25】 如图3-24所示为一个木桥示意图，各尺寸在图中已标出，求工程量。

【解】

项目编码：050201014　**项目名称：木制步桥**

工程量计算规则： 按桥面板设计图示尺寸以面积计算。

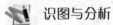 **识图与分析**

桥长16m，桥宽（3.6+0.14×2）m。

 **工程量计算**

$S=16×（3.6+0.14×2）=62.08（m^2）$

清单工程量计算见表3-28。

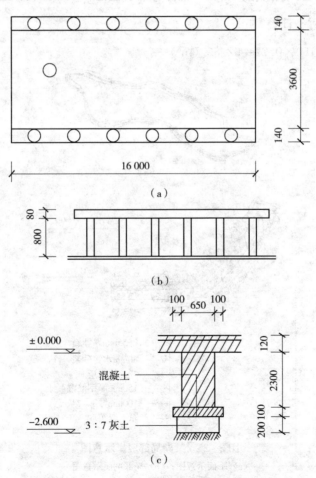

图3-24　某大桥示意图

（a）平面示意图；（b）立面示意图；（c）单个桥墩剖面示意图

注：共4个桥墩。

表 3 - 28　　　　　　　　清单工程量计算表

项目编码	项目名称	项目特征描述	计量单位	工程量
050201014001	木制步桥	桥宽 3.88m，桥长 16m	m²	62.08

【例 26】 如图 3 - 25 所示为某湖局部驳岸示意图，求工程量。

【解】

　　项目编码：050202001　　项目名称：石（卵石）砌驳岸

　　工程量计算规则：按设计图示尺寸以体积计算。

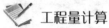 识图与分析

驳岸长度 150m，宽约 1.6m，卵石均厚 0.22m。

识图与分析 工程量计算

$S = 1.6 \times 150 \times 0.22 = 52.80$（m³）

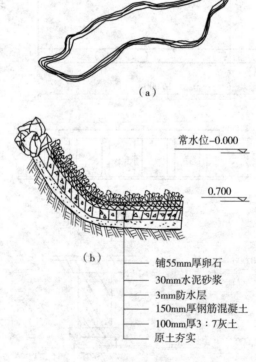

（a）

（b）

铺 55mm 厚卵石
30mm 水泥砂浆
3mm 防水层
150mm 厚钢筋混凝土
100mm 厚 3∶7 灰土
原土夯实

图 3 - 25　某湖局部驳岸示意图

（a）平面示意图；（b）局部剖面示意图

注：驳岸长度 150m，宽约 1.6m，卵石均厚 0.22m。

清单工程量计算见表 3 - 29。

表 3 - 29

清单工程量计算表

项目编码	项目名称	项目特征描述	计量单位	工程量
050202003001	散铺砂卵石护岸（自然护岸）	护岸平均宽 1.6m	m³	52.80

【例 27】已知某园路长 100m、宽 4m，路两边设有混凝土路缘，用 C20 混凝土预制路缘石 1∶2.5 水泥砂浆砌筑。如图 3 - 26 所示，求混凝土路缘的工程量。

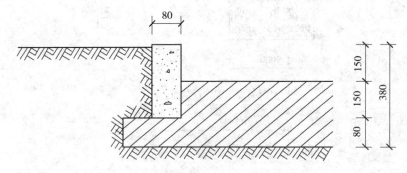

图 3 - 26 路缘剖面图

注：园路长 100mm，宽 4mm，路两边没有混凝土路缘。

【解】

项目编码：050201003 **项目名称：**路牙铺设

工程量计算规则：按设计图示尺寸以长度计算。

 识图与分析

园路长 100m，宽 4m，路两边均设有混凝土路缘。

 工程量计算

100×2＝200（m）

清单工程量计算见表 3 - 30。

表 3 - 30

清单工程量计算表

项目编码	项目名称	项目特征描述	计量单位	工程量
050201003001	路牙铺设	混凝土路牙，C20 混凝土预制路牙 1∶2.5 水泥砂浆	m	200.00

【例 28】图 3 - 27 所示为动物园驳岸的局部剖面图，该部分驳岸长 8m、宽 2m，求该部分驳岸的工程量。

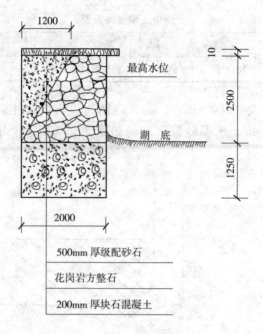

图 3-27　动物园驳岸局部剖面图

【解】

项目编码：050202001　项目名称：石砌驳岸

工程量计算规则：按设计图示尺寸以体积计算。

识图与分析

驳岸长 8m，宽 2m，高度（1.25+2.5+0.01）m。

工程量计算

工程量＝长×宽×高＝8×2×（1.25+2.5+0.01）＝60.16（m³）

清单工程量计算见表 3-31。

表 3-31　　　　　　　　　清单工程量计算表

项目编码	项目名称	项目特征描述	计量单位	工程量
050202001001	石砌驳岸	驳岸截面 2m×2.5m，长 8m	m³	60.16

【例 29】某混凝土车行道一部分，长 200m，宽 5m，如图 3-28 所示，试求其工程量。

【解】

项目编码：050201001　项目名称：园路

工程量计算规则：按设计图示尺寸以面积计算，不包括路牙。

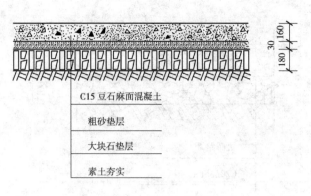

图 3-28　混凝土车行道

 识图与分析

混凝土行车道长 200m，宽 5m。

园路清单工程量＝长×宽＝200×5＝1000.00（m²）

清单工程量计算见表 3-32。

表 3-32　　　　　　　　清单工程量计算表

项目编码	项目名称	项目特征描述	计量单位	工程量
050201001001	园路	园路长 200m，宽 5m	m²	1000.00

【例 30】某景区园路为水泥混凝土路，路两侧设置有路牙，已知路长 22m，宽 6m，具体园路构造布置如图 3-29 所示，路牙为 20cm×20cm×10cm（长×宽×厚）的机砖。试求其工程量。

【解】

(1) **项目编码**：050201001　**项目名称**：园路

工程量计算规则：按设计图示尺寸以面积计算，不包括路牙。

 识图与分析

水泥混凝土路长 22m，宽 6m。

工程量计算

园路的面积＝22×6＝132.00（m²）

(2) **项目编码**：050201003　**项目名称**：路牙铺设

工程量计算规则：按设计图示尺寸以长度计算。

 识图与分析

路牙铺设在路两侧，路长 22m。

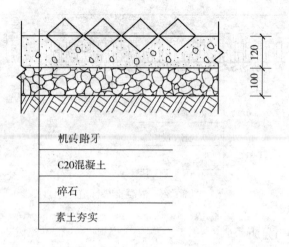

（a）

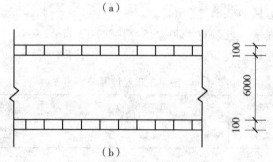

（b）

图 3-29　园路构造示意图

（a）剖面图；（b）平面图

 工程量计算

园路路牙长度＝22×2＝44.00（m）

清单工程量计算见表 3-33。

表 3-33　　　　　　　　　　清单工程量计算表

项目编码	项目名称	项目特征描述	计量单位	工程量
050201001001	园路	C20 混凝土厚 120mm，碎石厚 100mm	m²	132.00
050201003001	路牙铺设	机砖尺寸为 20cm×20cm×10cm	m	44.00

【例 31】某园桥的形状构造如图 3-30 所示，已知桥基的细石安装采用金刚墙青白石厚 25cm，采用条形混凝土基础，桥墩有 3 个，桥面长 8m，宽 2m，试求其工程量。

【解】

（1）项目编码：050201006　项目名称：桥基础

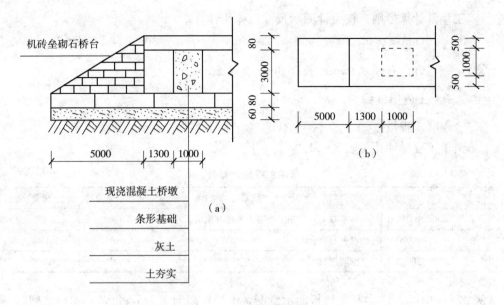

图 3-30　园桥构造示意图

(a) 剖面图；(b) 平面图

注：金刚墙青白石厚 0.25m，桥长 8mm，宽 2m。

工程量计算规则： 按设计图示尺寸以体积计算。

 识图与分析

条形基础高 0.08m，桥长 8m，宽 2m。

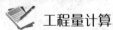 工程量计算

条形混凝土基础工程量 = $(8+5+5) \times 2 \times 0.08 = 2.88$（m³）

(2) **项目编码：** 050201007　**项目名称：** 石桥墩、石桥台

工程量计算规则： 按设计图示尺寸以体积计算。

 识图与分析

石桥台高 $(3+0.08)$ m，宽 $(0.5+1+0.5)$ m，长 5m，共有 2 个。

石桥墩横截面尺寸 1m×1m，高度 3m，共有 3 个。

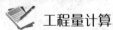 工程量计算

石桥台为机砖砌筑工程量 $= (3+0.08) \times 5 \times \dfrac{1}{2} \times (0.5+1+0.5) \times 2$

$$= 30.80 \text{（m}^3\text{）}$$

石桥墩工程量 $= 1 \times 1 \times 3 \times 3 = 9.00$（m³）

(3) **项目编码：** 050201010　**项目名称：** 金刚墙砌筑

工程量计算规则：按设计图示尺寸以体积计算。

 识图与分析

金刚墙青白石厚 0.25m，长度 8m，宽度 2m。

 工程量计算

金刚墙工程量=8×2×0.25=4.00（m³）

清单工程量计算见表 3-34。

表 3-34   清单工程量计算表

序号	项目编码	项目名称	项目特征描述	计量单位	工程量
1	050201006001	桥基础	条形混凝土基础金刚墙青白石	m³	2.88
2	050201007001	石桥墩、石桥台	金刚墙青白石	m³	39.80
3	050201010001	金刚墙砌筑	金刚墙青白石	m³	4.00

【例 32】如图 3-31 为某木桥桥面示意图，木栏杆高为 1.1m，每两个木柱之间的栏杆长为 1m，试求木桥桥面的工程量。

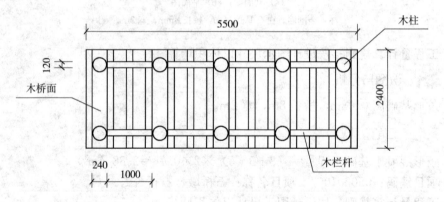

图 3-31   木桥桥面示意图

注：桥面铺装为 2400mm×240mm×50mm 木板，螺栓固定。

【解】

项目编码：050201014   **项目名称：**木制步桥

工程量计算规则：按桥面板设计图示尺寸以面积计算。

 识图与分析

木桥桥面长 5.5m，宽 2.4m。

 工程量计算

S=长×宽=5.5×2.4=13.20（m²）

清单工程量计算见表 3 - 35。

表 3 - 35   清单工程量计算表

项目编码	项目名称	项目特征描述	计量单位	工程量
050201014001	木制步桥	木制步桥	m²	13.20

【例 33】某园路用嵌草砖铺装，即在砖的空心部分填土种草来丰富景观。已知嵌草砖为六角形，边长是 22cm，厚度为 12cm，空心部分圆形半径为 14cm，其里面填种植土 10cm 厚，该园路长 27m，宽 1.5m，具体铺设如图 3 - 32 所示，试求其工程量。

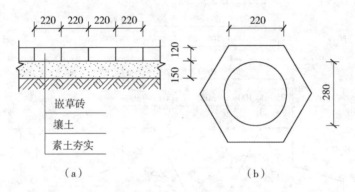

图 3 - 32 园路铺设示意图

(a) 剖面图；(b) 嵌草砖平面图

注：园路宽 1.5m，长 27m。

【解】

    项目编码：050201005   **项目名称：**嵌草砖铺装

    工程量计算规则：按设计图示尺寸以面积计算。

   识图与分析

园路所占面积 40.5m²，嵌草砖铺满园路，嵌草砖铺装面积同园路所占面积。

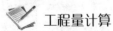   工程量计算

整个园路铺设砖面积＝园路面积＝27×1.5＝40.5m²

清单工程量计算见表 3 - 36。

表 3 - 36   清单工程量计算表

项目编码	项目名称	项目特征描述	计量单位	工程量
050201005001	嵌草砖铺装	嵌草砖 120mm，壤土 150mm	m²	40.50

【例 34】某公园有一石桥，具体基础构造如图 3 - 33 所示，桥的造型形式为平桥，

已知桥长 10m，宽 2m，试求园桥的基础工程量（该园桥基础为杯形基础，共有3个）。

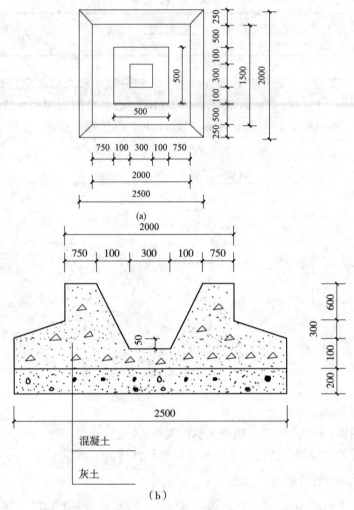

图 3-33 石桥基础构造图

(a) 平面图；(b) 剖面图

注：桥长 10m，宽 2m，基础为 3 个杯形基础。

【解】

项目编码：050201006   项目名称：桥基础

工程量计算规则：按设计图示尺寸以体积计算。

识图与分析

桥长 10m，宽 2m，杯形基础 3 个。单个杯形基础体积为单个杯形基础的工程量＝垫层以上的立方体体积＋棱台体积＋棱台之上的立方体体积－中部凹下的棱台体积。

 工程量计算

$$V_{单杯}=2.5×2×0.1+\frac{0.3}{3}×\left[2.5×2+2×1.5+\sqrt{2.5×2×2×1.5}\right]+1.5$$

$$×2×0.6-\frac{(0.6+0.3+0.05)}{3}×(0.3^2+0.5^2+\sqrt{0.3^2×0.5^2})$$

$$=0.5+1.187+1.8-0.155$$

$$=3.642（m^3）$$

3 个杯形基础工程量＝3.642×3＝10.93（m³）

注：长方体体积＝长×宽×高；

$$棱台体积=\frac{棱台高}{3}×(上底面积+下底面积+\sqrt{上底面积×下底面积})$$

清单工程量计算见表 3-37。

表 3-37　　　　　清单工程量计算表

项目编码	项目名称	项目特征描述	计量单位	工程量
050201006001	桥基础	杯形基础	m³	10.93

【例 35】已知某园桥的石桥墩如图 3-34 所示，石料采用金刚墙青白石，试求该桥墩的工程量，该园桥有 6 个桥墩。

【解】

项目编码：050201007　项目名称：石桥墩、石桥台

工程量计算规则：按设计图示尺寸以体积计算。

 识图与分析

桥墩工程量就是求桥墩的体积，它的体积由大放脚四周体积和柱身体积两部分组成，共由 4 个立方体，立方体尺寸分别是：(0.21+0.5+0.21)m×(0.21+0.5+0.21)m×0.16m；(0.07+0.07+0.5+0.07+0.07)m×(0.07+0.07+0.5+0.07+0.07)m×0.16m；(0.07+0.5+0.07)m×(0.07+0.5+0.07)m×0.16m；0.5m×0.5m×3.2m。共有 6 个桥墩。

 工程量计算

单个石桥墩体积：

$$V=V_1+V_2+V_3+V_4$$

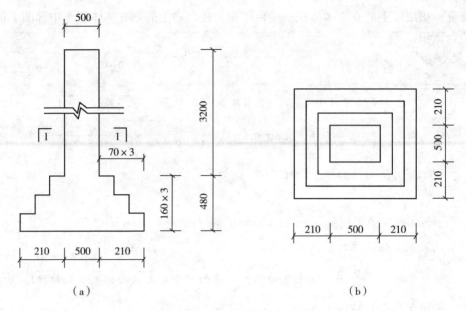

图 3-34 石桥墩示意图

(a) 立面图；(b) 剖面图

$$=(0.21+0.5+0.21)(0.21+0.5+0.21)\times0.16$$
$$+(0.07+0.07+0.5+0.07+0.07)(0.07+0.07+0.5+0.07+0.07)$$
$$\times0.16+(0.07+0.5+0.07)(0.07+0.5+0.07)\times0.16+0.5\times0.5\times3.2$$
$$=0.135+0.097+0.066+0.8$$
$$=1.098(\text{m}^3)$$

所有桥墩体积 $=1.098\times6=6.588$（m³）

清单工程量计算见表 3-38。

表 3-38 　　　　　　　　　　　清单工程量计算表

项目编码	项目名称	项目特征描述	计量单位	工程量
050201007001	石桥墩、石桥台	金刚墙青白石	m³	6.59

【例36】某桥面的铺装构造如图 3-35 所示，桥面用水泥混凝土铺装厚 6cm，桥面檐板为石板铺装，厚度为 10cm，位于桥面两边的仰天石为青白石，桥面的长为 8m、宽为 2m，为了便于排水，桥面设置 1.5% 的横坡，试求其工程量。

【解】

(1) 项目编码：050201011　项目名称：石桥面铺筑

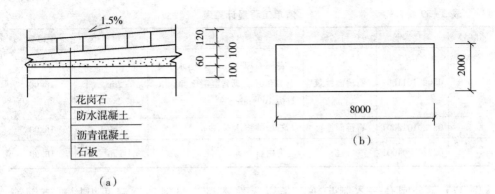

图 3-35 桥面构造示意图

(a) 剖面图；(b) 平面图

注：桥面长 8m，宽 2m。

工程量计算规则： 按设计图示尺寸以面积计算。

 识图与分析

桥面长 8m，宽 2m。

 工程量计算

桥面各构造层的面积都相同为 $8 \times 2 = 16$（m^2）

(2) **项目编码：** 050201012 **项目名称：** 石桥面檐板

工程量计算规则： 按设计图示尺寸以面积计算。

 识图与分析

桥面长 8m，宽 2m。

 工程量计算

园桥面檐板面积 $= 2 \times 8 = 16$（m^2）

(3) **项目编码：** 020202004 **项目名称：** 栏板

工程量计算规则： 按设计图示尺寸以长度计算。

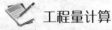 识图与分析

桥面长 8m，仰天石在桥面两侧。

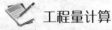 工程量计算

青白石仰天石长度 $= 8 \times 2 = 16$（m）

清单工程量计算见表 3-39。

表 3 - 39 清单工程量计算表

序号	项目编码	项目名称	项目特征描述	计量单位	工程量
1	050201011001	石桥面铺筑	花岗石厚 120mm，防水混凝土 100mm，沥青混凝土 60mm，石板 100mm	m²	16.00
2	050201012001	石桥面檐板	石板铺装，厚 10cm	m²	16.00
3	020202004001	栏板	青白石	m	16.00

【例 37】某公园有一木制步桥，是以天然木材为材料，桥洞底板用现浇钢筋混凝土处理，木梁梁宽 20cm，栏杆为井字纹花栏杆，栏杆为圆形，直径为 10cm，都用螺栓进行加固处理，共用 2kg 左右，制作安装完成后用油漆处理表面，具体结构布置如图 3-36 所示，试求其工程量。

【解】

(1) **项目编码：**050201006 **项目名称：**桥基础

工程量计算规则：按设计图示尺寸以面积计算。

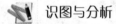 识图与分析

基础为混凝土浇筑，厚度 0.4m，桥长（6.6+1.5×2）m，宽 1.5m。

混凝土层的工程量：（6.6+1.5+1.5）×1.5×0.4=5.76（m³）

(2) **项目编码：**050201007 **项目名称：**石桥墩、石桥台

工程量计算规则：按设计图示尺寸以体积计算。

 识图与分析

桥台长 1.5m，高（2.6+0.4）m，宽 1.5m。2 个桥台。

 工程量计算

$$V=(\frac{1}{2}\times3\times1.5\times1.5)\times2=6.75（m^3）$$

(3) **项目编码：**050201014 **项目名称：**木制步桥

工程量计算规则：按桥面板设计图示尺寸以面积计算。

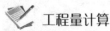 识图与分析

桥面板长 6.6m，宽 1.5m。

工程量计算

该木制步桥的工程量=6.6×1.5=9.9（m²）

清单工程量计算见表 3-40。

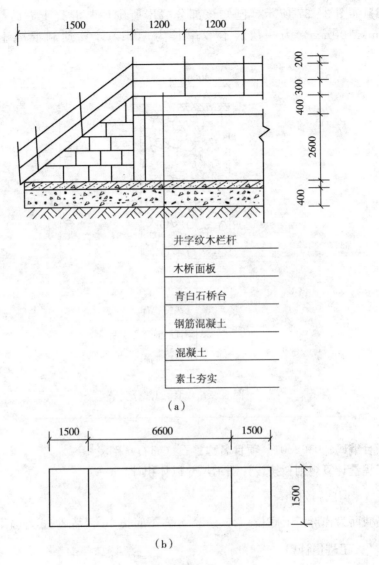

（a）

（b）

图3-36 步桥结构示意图

（a）剖面图；（b）平面图

注：桥长6.6m，宽1.5m。

表3-40 清单工程量计算表

序号	项目编码	项目名称	项目特征描述	计量单位	工程量
1	050201006001	桥基础	混凝土	m³	5.76
2	050201007001	石桥墩、石桥台	青白石	m³	6.75
3	050201014001	木制步桥	天然木材	m²	9.90

【例38】如图3-37所示，已知该部分驳岸所砌预制混凝土方砖（500mm×500mm×100mm）为一层，本驳岸长为50m，计算预制混凝土方砖的工程量。

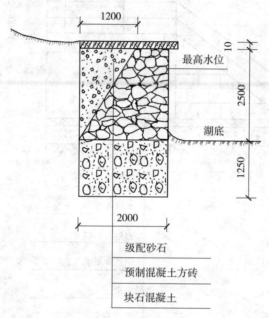

图3-37 动物园部分驳岸

【解】

项目编码：0502001　项目名称：石（卵石）砌驳岸

工程量计算规则：按设计图示尺寸以体积计算。

 识图与分析

横截面为梯形，上底长（2-1.2）m，下底长2m，高2.5m，驳岸长50m。

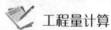 工程量计算

预制混凝土方砖=（上底长+下底长）×高/2×长度
　　　　　　　=［（2-1.2）+2］×2.5/2×50
　　　　　　　=175.00（m³）

清单工程量计算见表3-41。

表3-41　　　　　　　　　　　　　清单工程量计算表

项目编码	项目名称	项目特征描述	计量单位	工程量
050202001001	石（卵石）砌驳岸	砌预制混凝土方砖	m³	175.00

【例39】图3-38、图3-39所示，某公园一处浅水上面为荷叶汀步，直径为2.2m，其数量为23个，求其工程量（三类土）。

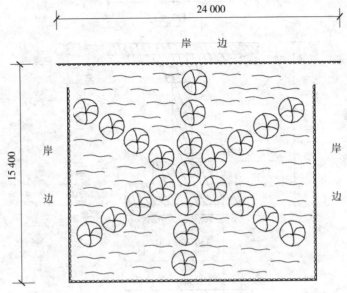

图3-38 荷叶汀步平面图

注：这片浅水宽15.4m，长24m。

【解】

项目编码：050201013　项目名称：石汀步（步石、飞石）

工程量计算规则：按设计图示尺寸以体积计算。

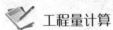 识图与分析

每个汀步由多个几何体组成，从下到上依次是1个圆柱体，2个圆台，1个圆柱体。单个汀步体积为此几何体积之和，共23个汀步。

工程量计算

$$V = [3.14 \times 0.11^2 \times 1.06 + \frac{1}{3} \times 3.14 \times 0.2 \times (0.16^2 + 0.21^2 + 0.16 \times 0.21)$$

$$+ \frac{1}{3} \times 3.14 \times 0.07 \times (0.21^2 + 1.1^2 + 1.1 \times 0.21) + 3.14 \times 1.1^2 \times 0.06] \times 23$$

$$= 9.17 \ (m^3)$$

清单工程量计算见表3-42。

表3-42　　　　　　　　　　　　清单工程量计算表

项目编码	项目名称	项目特征描述	计量单位	工程量
050201013001	石汀步（步石、飞石）	浅水上面为荷叶汀步	m³	9.17

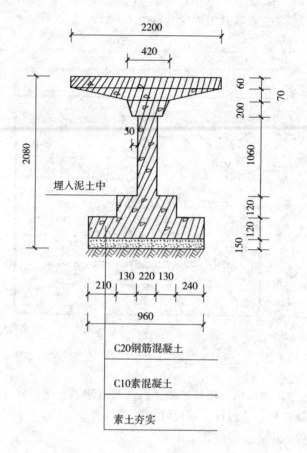

图 3-39   荷叶汀步剖面图

注：1. 先外用1:2水泥砂浆找平，现涂抹2mm厚聚氨酯防水层。

2. 然后再用1:2水泥砂浆找平，外刷浅绿色涂料。

【例40】某园林内人工湖为原木桩驳岸，假山占地面积为150m²，木桩为柏木桩，桩高1.5m，直径为13cm，共5排，两桩之间距离为20cm，打木桩时挖圆形地坑，地坑深1m，半径为8cm，试求其工程量（图3-40）。

【解】

项目编码：050202002   项目名称：原木桩驳岸

工程量计算规则：按设计图示以桩长（包括桩尖）计算。

识图与分析

按设计图示长度桩长（包括桩尖）计算。

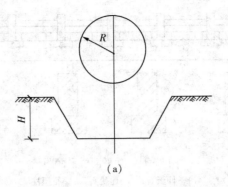

(a)

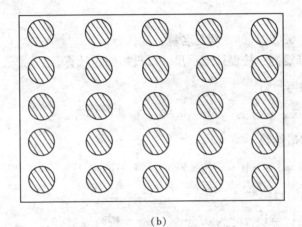

(b)

图 3 - 40　原木桩驳岸示意图

(a) 圆形地坑示意图；(b) 木桩平面示意图

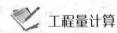 工程量计算

原木桩驳岸长度 $L = 1$ 根木桩的长度×根数

$= 1.5 \times 25 = 37.50$ （m）

清单工程量计算见表 3 - 43。

表 3 - 43　　　　　　　　　　清单工程量计算表

项目编码	项目名称	项目特征描述	计量单位	工程量
050202002001	原木桩驳岸	柏木桩，桩高 1.5m，直径 13cm，共 5 排	m	37.50

【例 41】某平面桥桥面两边铺有青白石加工而成的仰天石，每块长 1.6m，宽为 0.9m，栏杆下面装有青白石加工而成的地伏石，每块长 0.5m，宽为 0.6m，桥身下有石望柱支撑（图3 - 41）。柱高 1m，求工程量。

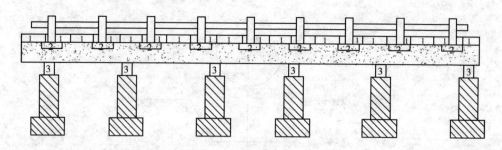

图 3-41　某平面桥平面图
1—仰天石；2—地伏石；3—石望柱

【解】

项目编码：020201006　项目名称：地伏石

工程量计算规则：按设计图示尺寸以投影面积计算。

 识图与分析

仰天石 19 块。尺寸为 1.6m×0.9m，桥两侧都有。

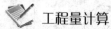 工程量计算

仰天石面积＝1.6×0.9×19×2＝54.72（m²）

识图与分析

地伏石 9 块。每块尺寸为 0.5m×0.6m，桥两侧都有。

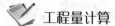 工程量计算

地伏石面积＝0.5×0.6×9×2＝5.40（m²）

清单工程量计算见表 3-44。

表 3-44　　　　　　　　　　清单工程量计算表

序号	项目编码	项目名称	项目特征描述	计量单位	工程量
1	020201006001	仰天石	青白石	m²	54.72
2	020201006002	地伏石	青白石	m²	5.40

第四章　园林景观工程

第一节　园林景观工程清单计算规范

（1）堆塑假山工程量清单项目设置及工程量计算规则应按表4-1的规定执行。

表4-1　　　　　　　　堆塑假山（编码：050301）

项目编码	项目名称	项目特征	计量单位	工程量计算规则	工程内容
050301001	堆筑土山丘	1. 土丘高度 2. 土丘坡度要求 3. 土丘底外接矩形面积	m³	按设计图示山丘水平投影外接矩形面积乘以高度的1/3以体积计算	1. 取土、运土 2. 堆砌、夯实 3. 修整
050301002	堆砌石假山	1. 堆砌高度 2. 石料种类、单块重量 3. 混凝土强度等级 4. 砂浆强度等级、配合比	t	按设计图示尺寸以质量计算	1. 选料 2. 起重机搭、拆 3. 堆砌、修整
050301003	塑假山	1. 假山高度 2. 骨架材料种类、规格 3. 山皮料种类 4. 混凝土强度等级 5. 砂浆强度等级、配合比 6. 防护材料种类	m²	按设计图示尺寸以展开面积计算	1. 骨架制作 2. 假山胎模制作 3. 塑假山 4. 山皮料安装 5. 刷防护材料

续表

项目编码	项目名称	项目特征	计量单位	工程量计算规则	工程内容
050301004	石笋	1. 石笋高度 2. 石笋材料种类 3. 砂浆强度等级、配合比	支	1. 以块（支、个）计量，按设计图示数量计算 2. 以吨计量，按设计图示石料质量计算	1. 选石料 2. 石笋安装
050301005	点风景石	1. 石料种类 2. 石料规格、重量 3. 砂浆配合比	1. 块 2. t		1. 选石料 2. 起重架搭、拆 3. 点石
050301006	池、盆景置石	1. 底盘种类 2. 山石高度 3. 山石种类 4. 混凝土砂浆强度等级 5. 砂浆强度等级、配合比	1. 座 2. 个		1. 底盘制作、安装 2. 池、盆景山石安装、砌筑
050301007	山（卵）石护角	1. 石料种类、规格 2. 砂浆配合比	m³	按设计图示尺寸以体积计算	1. 石料加工 2. 砌石
050301008	山坡（卵）石台阶	1. 石料种类、规格 2. 台阶坡度 3. 砂浆强度等级	m²	按设计图示尺寸以水平投影面积计算	1. 选石料 2. 台阶砌筑

（2）原木、竹构件工程量清单项目设置及工程量计算规则应按表 4-2 的规定执行。

表 4-2　　　　　　　　原木、竹构件（编码：050302）

项目编码	项目名称	项目特征	计量单位	工程量计算规则	工程内容
050302001	原木（带树皮）柱、梁、檩、椽	1. 原木种类 2. 原木直（梢）径（不含树皮厚度）	m	按设计图示尺寸以长度计算（包括榫长）	1. 构件制作 2. 构件安装 3. 刷防护材料
050302002	原木（带树皮）墙	3. 墙龙骨材料种类、规格 4. 墙底层材料种类、规格	m²	按设计图示尺寸以面积计算（不包括柱、梁）	
050302003	树枝吊挂楣子	5. 构件连接方式 6. 防护材料种类		按设计图示尺寸以框外围面积计算	

续表

项目编码	项目名称	项目特征	计量单位	工程量计算规则	工程内容
050302004	竹柱、梁、檩、椽	1. 竹种类 2. 竹直（梢）径 3. 连接方式 4. 防护材料种类	m	按设计图示尺寸以长度计算	1. 构件制作 2. 构件安装 3. 刷防护材料
050302005	竹编墙	1. 竹种类 2. 墙龙骨材料种类、规格 3. 墙底层材料种类、规格 4. 防护材料种类	m²	按设计图示尺寸以面积计算（不包括柱、梁）	
050302006	竹吊挂楣子	1. 竹种类 2. 竹梢径 3. 防护材料种类		按设计图示尺寸以框外围面积计算	

（3）亭廊屋面工程量清单项目设置及工程量计算规则应按表 4 - 3 的规定执行。

表 4 - 3 亭廊屋面（编码：050303）

项目编码	项目名称	项目特征	计量单位	工程量计算规则	工程内容
050303001	草屋面	1. 屋面坡度 2. 铺草种类 3. 竹材种类 4. 防护材料种类	m²	按设计图示尺寸以斜面计算	1. 整理、选料 2. 屋面铺设 3. 刷防护材料
050303002	竹屋面			按设计图示尺寸以实铺面积计算（不包括柱、梁）	
050303005	预制混凝土穹顶	1. 穹顶弧长、直径 2. 肋截面尺寸 3. 板厚 4. 混凝土强度等级 5. 拉杆材质、规格	m³	按设计图示尺寸以体积计算。混凝土脊和穹顶的肋、基梁并入屋面体积	1. 模板制作、运输、安装、拆除、保养 2. 混凝土制作、运输、浇筑、振捣、养护 3. 构件运输、安装 4. 砂浆制作、运输 5. 接头灌缝、养护

项目编码	项目名称	项目特征	计量单位	工程量计算规则	工程内容
050303006	彩色压型钢板（夹芯板）攒尖亭屋面板	1. 屋面坡度 2. 穹顶弧长、直径 3. 彩色压型钢（夹芯）板品种、规格 4. 拉杆材质、规格 5. 嵌缝材料种类 6. 防护材料种类	m²	按设计图示尺寸以实铺面积计算	1. 压型板安装 2. 护角、包角、泛水安装 3. 嵌缝 4. 刷防护材料

（4）花架工程量清单项目设置及工程量计算规则应按表 4-4 的规定执行。

表 4-4　　　　　　　　花架（编码：050304）

项目编码	项目名称	项目特征	计量单位	工程量计算规则	工程内容
050304001	现浇混凝土花架柱、梁	1. 柱截面、高度、根数 2. 盖梁截面、高度、根数 3. 连系梁截面、高度、根数 4. 混凝土强度等级	m³	按设计图示尺寸以体积计算	1. 模板制作、运输、安装、拆除、保养 2. 混凝土制作、运输、浇筑、振捣、养护
050304002	预制混凝土花架柱、梁	1. 柱截面、高度、根数 2. 盖梁截面、高度、根数 3. 连系梁截面、高度、根数 4. 混凝土强度等级 5. 砂浆配合比			1. 模板制作、运输、安装、拆除、保养 2. 混凝土制作、运输、浇筑、振捣、养护 3. 构件运输、安装 4. 砂浆制作、运输 5. 接头灌缝、养护
050304003	金属花架柱、梁	1. 钢材品种、规格 2. 柱、梁截面 3. 油漆品种、刷漆遍数	t	按设计图示尺寸以质量计算	1. 制作、运输 2. 安装 3. 油漆

续表

项目编码	项目名称	项目特征	计量单位	工程量计算规则	工程内容
050304004	木花架柱、梁	1. 木材种类 2. 柱、梁截面 3. 连接方式 4. 防护材料种类	m³	按设计图示截面乘长度（包括榫长）以体积计算	1. 构件制作、运输、安装 2. 刷防护材料、油漆
050304005	竹花架柱、梁	1. 竹种类 2. 竹胸径 3. 油漆品种、刷漆遍数	1. m 2. 根	1. 以长度计量，按设计图示花架构件尺寸以延长米计算 2. 以根计量，按设计图示花架柱、梁数量计算	1. 制作 2. 运输 3. 安装 4. 油漆

（5）园林桌椅工程量清单项目设置及工程量计算规则应按表 4-5 的规定执行。

表 4-5　　　　　　　　园林桌椅（编码：050305）

项目编码	项目名称	项目特征	计量单位	工程量计算规则	工程内容
050305001	预制钢筋混凝土飞来椅	1. 座凳面厚度、宽度 2. 靠背扶手截面 3. 靠背截面 4. 座凳楣子形状、尺寸 5. 混凝土强度等级 6. 砂浆配合比	m	按设计图示尺寸以座凳面中心线长度计算	1. 模板制作、运输、安装、拆除、保养 2. 混凝土制作、运输、浇筑、振捣、养护 3. 构件运输、安装 4. 砂浆制作、运输、抹面、养护 5. 接头灌缝、养护
050305004	现浇混凝土桌凳	1. 桌凳形状 2. 基础尺寸、埋设深度 3. 桌面尺寸、支墩高度 4. 凳面尺寸、支墩高度 5. 混凝土强度等级、砂浆配合比	个	按设计图示数量计算	1. 模板制作、运输、安装、拆除、保养 2. 混凝土制作、运输、浇筑、振捣、养护 3. 砂浆制作、运输

项目编码	项目名称	项目特征	计量单位	工程量计算规则	工程内容
050305006	石桌石凳	1. 石材种类 2. 基础形状、尺寸、埋设深度 3. 桌面形状、尺寸、支墩高度 4. 凳面尺寸、支墩高度 5. 混凝土强度等级 6. 砂浆配合比			1. 土方挖运 2. 桌凳制作 3. 桌凳运输 4. 桌凳安装 5. 砂浆制作、运输
050305007	水磨石桌凳	1. 基础形状、尺寸、埋设深度 2. 桌面形状、尺寸、支墩高度 3. 凳面尺寸、支墩高度 4. 混凝土强度等级 5. 砂浆配合比	个	按设计图示数量计算	1. 桌凳制作 2. 桌凳运输 3. 桌凳安装 4. 砂浆制作、运输
050305008	塑树根桌凳	1. 桌凳直径 2. 桌凳高度 3. 砖石种类 4. 砂浆强度等级、配合比 5. 颜料品种、颜色			1. 砂浆制作、运输 2. 砖石砌筑 3. 塑树皮 4. 绘制木纹
050305009	塑树节椅				
050305010	塑料、铁艺、金属椅	1. 木座板面截面 2. 座椅规格、颜色 3. 混凝土强度等级 4. 防护材料种类			1. 制作 2. 安装 3. 刷防护材料

注：木质飞来椅按现行国家标准《仿古建筑工程工程量计算规范》（GB 50855—2013）相关项目编码列项。

（6）喷泉安装工程量清单项目设置及工程量计算规则应按表4-6的规定执行。

表 4 - 6 　　　　　　　　　　喷泉安装（编码：050306）

项目编码	项目名称	项目特征	计量单位	工程量计算规则	工程内容
050306001	喷泉管道	1. 管材、管件、阀门、喷头品种 2. 管道固定方式 3. 防护材料种类	m	按设计图示管道中心线长度以延长米计算，不扣除检查（阀门）井、阀门、管件及附件所占的长度	1. 土（石）方挖运 2. 管材、管件、阀门、喷头安装 3. 刷防护材料 4. 回填
050306003	水下艺术装饰灯具	1. 灯具品种、规格 2. 灯光颜色	套	按设计图示数量计算	1. 灯具安装 2. 支架制作、运输、安装
050306004	电气控制柜	1. 规格、型号 2. 安装方式	台		1. 电气控制柜（箱）安装 2. 系统调试

（7）杂项工程量清单项目设置及工程量计算规则应按表 4 - 7 的规定执行。

表 4 - 7 　　　　　　　　　　杂项（编码：050307）

项目编码	项目名称	项目特征	计量单位	工程量计算规则	工程内容
050307001	石灯	1. 石料种类 2. 石灯最大截面 3. 石灯高度 4. 砂浆配合比	个	按设计图示数量计算	1. 制作 2. 安装
050307004	塑树皮梁、柱	1. 塑树种类 2. 塑竹种类 3. 砂浆配合比 4. 喷字规格、颜色 5. 油漆品种、颜色	1. m² 2. m	1. 以平方米计量，按设计图示尺寸以梁柱外表面积计算 2. 以米计量，按设计图示尺寸以构件长度计算	1. 灰塑 2. 刷涂颜料
050307005	塑竹梁、柱				
050307006	铁艺栏杆	1. 铁艺栏杆高度 2. 铁艺栏杆单位长度重量 3. 防护材料种类	m	按设计图示尺寸以长度计算	1. 铁艺栏杆安装 2. 刷防护材料
050307009	标志牌	1. 材料种类、规格 2. 镌字规格、种类 3. 喷字规格、颜色 4. 油漆品种、颜色	个	按设计图示数量计算	1. 选料 2. 标志牌制作 3. 雕凿 4. 镌字、喷字 5. 运输、安装 6. 刷油漆

续表

项目编码	项目名称	项目特征	计量单位	工程量计算规则	工程内容
050307010	景墙	1. 土质类别 2. 垫层材料种类 3. 基础材料种类、规格 4. 墙体材料种类、规格 5. 墙体厚度 6. 混凝土、砂浆强度等级、配合比 7. 饰面材料种类	1. m³ 2. 段	1. 以立方米计量,按设计图示尺寸以体积计算 2. 以段计量,按设计图示尺寸以数量计算	1. 土(石)方挖运 2. 垫层、基础铺设 3. 墙体砌筑 4. 面层铺贴
050307014	花盆(坛、箱)	1. 花盆(坛)的材质及类型 2. 规格尺寸 3. 混凝土强度等级 4. 砂浆配合比	个	按设计图示尺寸以数量计算	1. 制作 2. 运输 3. 安放
050307018	砖石砌小摆设	1. 砖种类、规格 2. 石种类、规格 3. 砂浆强度等级、配合比 4. 石表面加工要求 5. 勾缝要求	1. m³ 2. 个	1. 以立方米计量,按设计图示尺寸以体积计算 2. 以个计量,按设计图示尺寸以数量计算	1. 砂浆制作、运输 2. 砌砖、石 3. 抹面、养护 4. 勾缝 5. 石表面加工
050307020	柔性水池	1. 水池深度 2. 防水(漏)材料品种	m²	按设计图示尺寸以水平投影面积计算	1. 清理基层 2. 材料裁接 3. 铺设

注:砌筑果皮箱,放置盆景的须弥座等,应按砖石砌小摆设项目编码列项。

（8）园林绿化工程中需要用到的仿古建筑工程量清单项目设置及工程量计算规则应按表4-8的规定执行（借用仿古建筑工程工程量清单计算规范）。

表4-8　　　　　　　　　　　其　　他

项目编码	项目名称	项目特征	计量单位	工程量计算规则	工程内容
020511001	鹅颈靠背	1. 构件类形、式样 2. 构件高度 3. 木材品种 4. 框、芯截面尺寸 5. 雕刻的纹样 6. 防护材料种类、涂刷遍数	1. m² 2. m	1. 以平方米计量,按设计图示尺寸以面积计算 2. 以米计量,按设计图示长度以延长米计算	1. 框、芯、靠背制作 2. 雕刻 3. 安装 4. 刷防护材料

项目编码	项目名称	项目特征	计量单位	工程量计算规则	工程内容
020207001	石浮雕石	1. 石材种类、构件规格、翻样要求 2. 石表面加工要求及等级 3. 雕刻种类、深度、面积 4. 安装方式 5. 砂浆强度等级	m²	按设计图示尺寸以雕刻底板外框面积计算	1. 选料、放样、开料 2. 石构件制作 3. 石构件雕刻 4. 吊装 5. 运输 6. 铺砂浆 7. 安装、校正、修正缝口、固定
020207002	石板镌字	1. 石材种类、构件规格 2. 石表面加工要求及等级 3. 镌字式样、凹凸、深度、面积 4. 安装方式 5. 砂浆强度等级	1. m² 2. 个	1. 以平方米计量，按设计图示尺寸以镌字底板外框面积计算 2. 以个计量，按设计图示尺寸镌字大小以镌字数量计算	

（9）园林绿化工程中需要用到的构筑物工程量清单项目设置及工程量计算规则应按表4-9的规定执行（借用构筑物工程工程量清单计算规范）。

表4-9　　　　　　　　　　其他

项目编码	项目名称	项目特征	计量单位	工程量计算规则	工程内容
070101001	池底板	1. 池形状、池深 2. 垫层材料种类、厚度 3. 混凝土种类 4. 混凝土强度等级	m³	按设计图示尺寸以体积计算，不扣除构件内钢筋、预埋铁件及单个面积≤0.3m²的孔洞所占体积	1. 模板及支架（撑）制作、安装、拆除、堆放、运输及清理模内杂物、刷隔离剂等 2. 混凝土制作、运输、浇筑、振捣、养护
070101002	池壁	1. 池形状、池深 2. 混凝土种类 3. 混凝土强度等级 4. 壁厚			

第二节 工程量计算示例

【例1】某私家园林中有一个太湖石堆砌的假山，山高 2.5m，假山平面轮廓的水平投影外接矩形长 7m，宽 3m，投影面积为 22m²，假山顶有一小块景石，此景石平均长 2m，宽 1m，高 1.5m（图 4-1）。山上还设有山石台阶，台阶平面投影长 1.8m，宽 0.6m，每个台阶高 0.2m，台阶两旁种有小灌木。山石用水泥砂浆砌筑，假山下为灰土基础，3：7 灰土厚 45mm，素土夯实。求工程量。

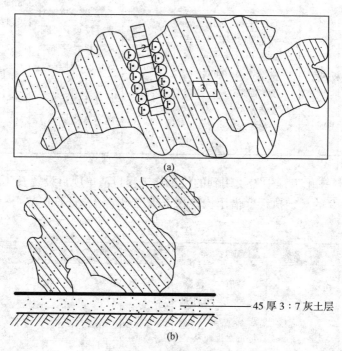

图4-1 假山水平投影图、剖面图
(a) 假山水平投影图；(b) 假山剖面图
1—金钟花；2—山石踏步；3—风景石

$$W_{单} = L_{均} B_{均} H_{均} R \quad W = AHRK_n$$

式中 W——石料重量（t）；

A——假山平面轮廓的水平投影面积（m²）；

H——假山着地点至最高顶点的垂直距离（m）；

R——石料比重：黄（杂）石 2.6t/m³、湖石 2.2t/m³；

K_n——折算系数：高度在 2m 以内 $K_n=0.65$，高度 4m 以内 $K_n=0.56$；

$W_单$——山石单体重量（t）；

$L_均$——长度方向的平均值（m）；

$B_均$——宽度方向的平均值（m）；

$H_均$——高度方向的平均值（m）。

【解】

（1）**项目编码：** 050301002　**项目名称：堆砌石假山**

工程量计算规则：按设计图示尺寸以质量计算。

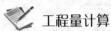 识图与分析

假山石投影面积 22m²，山高 2.5m，湖石 2.2t/m³。高度在 4m 以内折算系数为 0.56。

　　　工程量计算

假山石料重量 $W=AHRK_n=22\times2.5\times2.2\times0.56=67.76$（t）

（2）**项目编码：** 050301005　**项目名称：点风景石**

工程量计算规则：按图示设计石料以质量计量。

　　　识图与分析

小块景石平均长 2m，宽 1m，高 1.5m。湖石 2.2 t/m³。高度在 4m 以内折算系数为 0.56。

　　　工程量计算

风景石单体重量 $W_单=L_均\ B_均\ H_均\ R=2\times1\times1.5\times2.2=6.6$（t）

（3）**项目编码：** 050301008　**项目名称：山坡（卵）石台阶**

工程量计算规则：按设计图示尺寸以投影面积计算。

　　　识图与分析

台阶投影长 1.8m，宽 0.6m。

　　　工程量计算

石台阶水平投影面积 $S=长\times宽=1.8\times0.6=1.08$（m²）

（4）**项目编码：** 050102002　**项目名称：栽植灌木**

工程量计算规则：按设计图示数量计算。

　　　识图与分析

金钟花 12 株。

清单工程量计算见表 4 - 10。

表 4-10　　　　　　　　　　　清单工程量计算表

序号	项目编码	项目名称	项目特征描述	计量单位	工程量
1	050301002001	堆砌石假山	太湖石堆砌，山高 2.5m	t	67.76
2	050301005001	点风景石	平均长 2m，宽 1m，高 1.5m	块	1
3	050301008001	山坡石台阶	水泥砂浆砌筑，台阶平面投影长 1.8m，宽 0.6m，每个台阶高 0.2m	m²	1.08
4	050102002001	栽植灌木	金钟花	株	12

【例 2】某花架柱、梁、檩条全为原木矩形构件，每根柱长 0.3m，宽 0.3m，高 2.2m，每根梁长 1.5m，宽 0.3m，高 0.3m，每根檩条长 7m，宽 0.4m，高 0.3m，求工程量（图 4-2）。

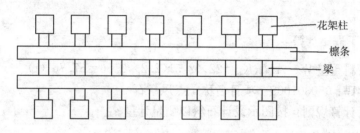

图 4-2　花架平面示意图

【解】

项目编码：050302001　**项目名称：**原木（带树皮）柱、梁、檩、椽

工程量计算规则：按设计图示尺寸以长度计算。

 识图与分析

每根柱高 2.2m，共 14 根柱；每根梁长 1.5m，共 7 根梁，每根檩条长 7m，共 2 根檩条。

工程量计算

（1）柱子的总长度 L =每根柱子的高度×根数=2.2×14=30.8（m）

（2）梁的总长度 L =每根梁的长度×根数=1.5×7=10.5（m）

（3）檩条的总长度 L =每根檩条的长度×根数=7×2=14（m）

清单工程量计算见表 4-11。

表 4-11　　　　　　　　　　　清单工程量计算表

序号	项目编码	项目名称	项目特征描述	计量单位	工程量
1	050302001001	原木（带树皮）柱、梁、檩、椽	每根柱长 0.3m，宽 0.3m，高 2.2m	m	30.80

续表

序号	项目编码	项目名称	项目特征描述	计量单位	工程量
2	050302001002	原木（带树皮）柱、梁、檩、椽	每根深长 1.5m，宽 0.3m，高0.3m	m	10.50
3	050302001003	原木（带树皮）柱、梁、檩、椽	每根檩条长 7m，宽 0.4m，高0.3m	m	14.00

【例3】一花架为竹子结构，柱、梁、檩条全为整根竹竿。每根柱底面半径为 10cm，高 2.5m，每根梁底面半径为 8cm，长 1.5m，每根檩条底面半径 7.5cm，长 6.5m，求工程量（图 4-3）。

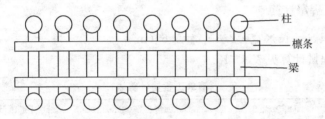

图 4-3　竹花架平面图

【解】

项目编码： 050302004　　**项目名称：** 竹柱、梁、檩、椽

工程量计算规则： 按设计图示尺寸以长度计算。

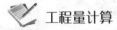 识图与分析

每根柱高 2.5m，共 16 根柱；每根梁长 1.5m，共 8 根梁，每根檩条长 6.5m，共 2 根檩条。

工程量计算

（1）柱子的总长度 L ＝单根柱子的长度×根数＝2.5×16＝40（m）

（2）檩条的总长度 L ＝单根檩条的长度×根数＝6.5×2＝13（m）

（3）梁的总长度 L ＝单根梁的长度×根数＝1.5×8＝12（m）

清单工程量计算见表 4-12。

表 4-12　　　　　　　　　清单工程量计算表

序号	项目编码	项目名称	项目特征描述	计量单位	工程量
1	050304005001	竹花架柱、梁	每根柱底面半径为 10cm，高2.5m	m	40.00
2	050304005002	竹花架柱、梁	每根梁底面半径为 8cm，长 1.5m	m	13.00
3	050304005003	竹花架柱、梁	每根檩条底面半径 7.5cm，长6.5m	m	12.00

【例4】一房屋墙壁为原木墙结构，原木墙梢径为 18cm，树皮屋面板厚 2.2cm，原木墙长 2.8m，宽 2m，墙体中装有镀锌钢板龙骨，龙骨长 3m，宽 0.4m，厚 1.2mm，墙底层地基中打入有钢筋混凝土矩形桩，每个桩长 5m，矩形表面长 1m，宽 0.6m，原木墙表面抹有灰面白水泥浆。求工程量。

【解】

  项目编码：050302002　**项目名称：**原木（带树皮）墙

  工程量计算规则：按设计图示尺寸以面积计算（不包括柱梁）。

 识图与分析

原木墙宽 2m，长 2.8m。

 工程量计算

墙体面积 S ＝长×宽＝$2.8 \times 2 = 5.6$（m^2）

清单工程量计算见表 4-13。

表 4-13　　　　　　　　　　　　　**清单工程量计算表**

项目编码	项目名称	项目特征描述	计量单位	工程量
050302002001	原木（带树皮）墙	原木墙有稍径 18cm，镀锌钢板龙骨，原木墙表面抹有灰面白水泥浆	m^2	5.60

【例5】一三角亭为竹制结构，组成亭子的柱、梁、檩条和椽全为竹竿，柱子每根长 3m，半径为 0.15m，共 3 根。梁每根长 2m，半径为 0.15m，共 3 根。檩条每根长 1.5m，半径为 0.1m，共 12 根。椽每根长 0.4m，半径为 0.1m，共 66 根。求工程量（图 4-4）。

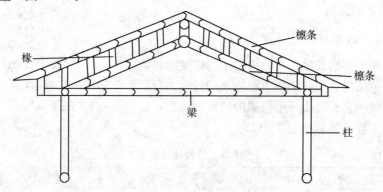

图 4-4　竹亭结构剖面示意图

【解】

  项目编码：050302004　**项目名称：**竹柱、梁、檩、椽

  工程量计算规则：按设计图示尺寸以长度计算。

📝 **识图与分析**

每根柱高 3m，共 3 根柱；每根梁长 2m，共 3 根梁；每根檩条长 1.5m，共 12 根檩条；每根椽条长 0.4m，共 66 根椽。

📝 **工程量计算**

（1）柱子的总长度 L＝单根柱子的长度×根数＝3×3＝9（m）

（2）梁的总长度 L＝单根梁的长度×根数＝2×3＝6（m）

（3）檩条的总长度 L＝单根檩条的长度×根数＝1.5×12＝18（m）

（4）椽的总长度 L＝单根椽的长度×根数＝0.4×66＝26.4（m）

清单工程量计算见表 4-14。

表 4-14　　　　　　　　　　清单工程量计算表

序号	项目编码	项目名称	项目特征描述	计量单位	工程量
1	050302004001	竹柱、梁、檩、椽	柱子每根长 3m，半径为 0.15m，共 3 根	m	9.00
2	050302004002	竹柱、梁、檩、椽	梁每根长 2m，半径为 0.15m，共 3 根	m	6.00
3	050302004003	竹柱、梁、檩、椽	檩条每根长 1.5m，半径为 0.1m，共 12 根	m	18.00
4	050302004004	竹柱、梁、檩、椽	椽每根长 0.4m，半径为 0.1m，共 66 根	m	26.40

【例6】某房屋顶屋的结构层由草铺设而成，从上往下依次为 300 厚人工种植土，150 厚珍珠岩过滤层，100 厚碎煤渣排水层，50 厚油毡与沥青防水层，20 厚水泥砂浆找平层，30 厚石棉瓦保温隔热层，20 厚找平层，100 厚结构楼板，20 厚抹灰层，屋面坡度为 0.4，屋面长 50m，宽 30m，长与宽的夹角为 60°。求工程量（图4-5）。

【解】

　　项目编码： 050303001　　**项目名称：** 草屋面

　　工程量计算规则： 按设计图示尺寸以斜面计算。

📝 **识图与分析**

房屋顶屋面为平行四边形，长 50m，宽 30m，长与宽的夹角为 60°。

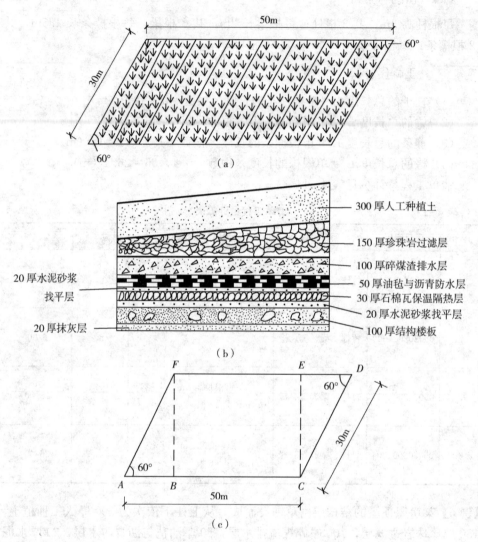

图 4-5 屋顶平面、剖面、分解示意图

(a) 屋顶平面图；(b) 屋顶平面结构剖面图；(c) 屋顶平面分解示意图

 工程量计算

平行四边形面积＝底×高＝$AC \times CD \times \sin 60° = 50 \times 30 \times \sin 60° = 1299$ （m²）

清单工程量计算见表 4-15。

表 4-15   清单工程量计算表

项目编码	项目名称	项目特征描述	计量单位	工程量
050303001001	草屋面	屋面坡度为 0.4，屋面长 50m，宽 30m，长与宽的夹角为 60°	m²	1299.00

【例 7】 有一直线形花架，柱、梁为现浇混凝土柱、梁，柱、梁全为矩形，柱截面长 0.16m，宽 0.16m，高 3m，横梁截面长 0.13m，宽 0.05m，长 1.7m，纵梁截面长 0.16m，宽 0.08m，长 12m。安放柱子时需在地面上挖基础，基础层下为 30 厚粗砂层，基础层宽 0.16m，长 0.16m，深 0.3m，求工程量（图 4-6）。

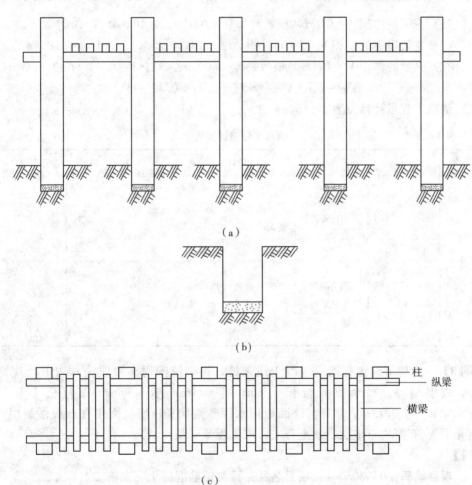

图 4-6　花架施工示意图
(a) 花架立面剖面图；(b) 基础层断面图；(c) 花架平面图

【解】

项目编码：050304001　项目名称：现浇混凝土花架柱、梁

工程量计算规则：按设计图示尺寸以体积计算。

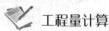 识图与分析

每根柱长 0.16m，宽 0.16m，高 3m，共 10 根柱；每根横梁横截面长 0.13m，宽 0.05m，梁长 1.7m，共 16 根横梁；每根纵梁截面长 0.16m，宽 0.08m，纵梁长 12m，共 2 根纵梁。

工程量计算

（1）花架柱体积 $V=LBH×$ 根数 $=0.16×0.16×3×10=0.77$（m^3）

（2）花架横梁的体积 $V=LBH×$ 根数 $=0.13×0.05×1.7×16=0.18$（m^3）

花架纵梁的体积 $V=LBH×$ 根数 $=0.16×0.08×12×2=0.31$（m^3）

$$V_{梁}=V_{横}+V_{纵}=0.18+0.31=0.49（m^3）$$

清单工程量计算见表 4 - 16。

表 4 - 16　　　　　　　　　　　　清单工程量计算表

序号	项目编码	项目名称	项目特征描述	计量单位	工程量
1	050304001001	现浇混凝土花架柱、梁	柱截面长 0.16m，宽 0.16m，高 3m	m^3	0.77
2	050304001002	现浇混凝土花架柱、梁	横梁截面长 0.13m，宽0.05m，长 1.7m，纵梁截面长 0.16m，宽 0.08m，长 12m	m^3	0.49

【例 8】一大树下放置有钢筋混凝土飞来椅，飞来椅围树布置成一六边形，共 6 个，大小相等。每个座面板长 1.1m，宽 0.4m，厚 0.05m，靠背长 1.1m，宽 0.37m，厚 0.12m，靠背与座面板用水泥砂浆找平，座凳面用青石板做面层，座凳下为 70 厚块石垫层，素土夯实，求工程量（图 4 - 7）。

【解】

项目编码：050305001　项目名称：预制钢筋混凝土飞来椅

工程量计算规则：按设计图示尺寸以坐凳面中心线长度计算。

识图与分析

飞来椅座面长 1.1m，有 6 个飞来椅。

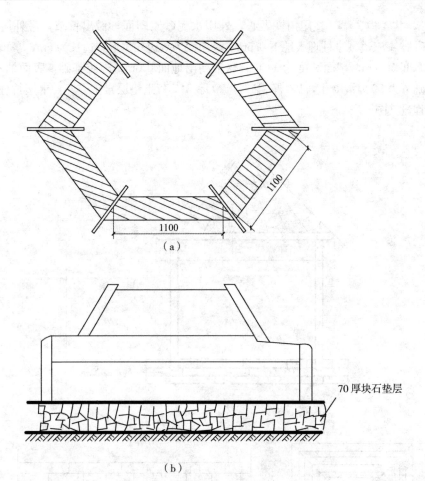

（a）

（b）

图 4-7　钢筋混凝土飞来椅示意图

（a）平面图；（b）立面断面结构图

工程量计算

飞来椅总长：$L=1.1\times6=6.60$（m）

清单工程量计算见表 4-17。

表 4-17　　　　　　　　　　　清单工程量计算表

项目编码	项名称	项目特征描述	计量单位	工程量
050305001001	钢筋混凝土飞来椅	每个座面板长 1m，宽 0.4m，厚 0.05m	m	6.60

【例 9】一小游园中有一凉亭的柱、梁为塑竹柱、梁，凉亭柱高 3.5m，共 4 根，梁

长 2m，共 4 根。梁、柱用角铁做心，外用水泥砂浆塑面，做出竹节，最外层涂有灰面乳胶漆三道。亭柱埋入地下 0.5m。亭顶面为等边三角形，边长为 6m，亭顶面板制作厚度为 2cm，亭面坡度为 1:40。亭子高出地面 0.3m，为砖基础，表面铺水泥，砖基础下为 50 厚混凝土，100 厚粗砂，120 厚 3:7 灰土垫层素土夯实，求塑竹柱、竹梁工程量（图 4-8）。

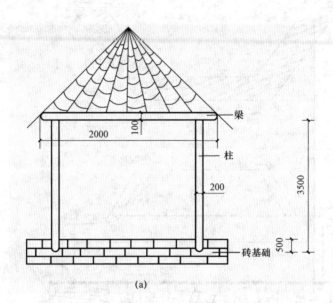

(a)

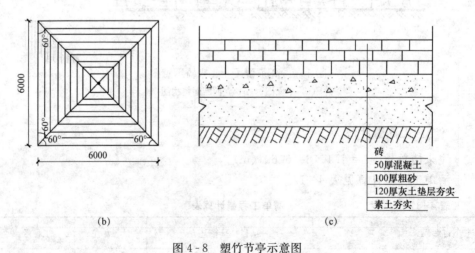

(b)　　　　　　　　　　　(c)

图 4-8　塑竹节亭示意图

(a) 亭子立面图；(b) 亭子平面图；(c) 砖基础与垫层剖面图

注：梁 4 根，直径 100mm；柱 4 根，直径 200mm。

【解】

塑竹柱、梁表面积：$S = S_{柱} + S_{梁} = 2\pi R \cdot H \times 根数 + 2\pi r \cdot h \times 根数$

$\qquad\qquad\qquad = 2 \times 3.14 \times 0.2 \times (3.5 - 0.5) \times 4 + 2 \times 3.14 \times 0.1 \times 2 \times 4$

$\qquad\qquad\qquad = 7.536 + 2.512$

$\qquad\qquad\qquad = 10.05 \ (m^2)$

清单工程量计算见表 4 - 18。

表 4 - 18　　　　　　　　　　　　　　清单工程量计算表

项目编码	项目名称	项目特征描述	计量单位	工程量
050307004001	塑竹梁、柱	柱高 3.5m，共 4 根，梁长 2m，共 4 根	m²	10.05

【例 10】某楼前有一圆形喷泉，喷泉管道为镀锌钢管，管道直径为 60mm，管道外喷有防水涂料。管道从圆形喷水池中心向外依次长 8m，6m，4m，2m。管道上装有固定支架，共 30 个，每个支架重 0.5kg，每个支架上有 2 个精制小六角螺母，内径为 8mm。管道上装有旋转型喷头和树型喷头，喷头的流量系数为 0.80，加速度为 $0.6m/s^2$。旋转型喷头喷嘴为 2in，入口水压为 1.5m，树型喷头喷嘴为 2in，入口水压为 4m。喷水池为圆形，半径为 5m，池壁为砖砌池壁，厚 0.8m，池壁内、外抹有 20mm 厚水泥砂浆找平层，池壁内还抹有 15mm 厚防水砂浆，30mm 厚水泥砂浆保护层，水池表面贴有花岗岩蘑菇石。水池高出地面 0.5m。水池底为 10mm 厚水泥砂浆抹面，15mm 厚水泥砂浆找平层，20mm 厚防水砂浆，200mm 厚钢筋混凝土池底，15mm 厚二毡三油沥青防水层，10mm 厚水泥砂浆找平层，100mm 厚素混凝土，280mm 厚 3:7 灰土垫层，原土夯实。池中装有水下照明灯具，灯光为蓝色。求喷泉管道和水下照明灯具的工程量（图 4 - 9）。

【解】

(1) 喷泉管道

　　项目编码：050306001　　　**项目名称**：喷泉管道

　　工程量计算规则：按设计图示管道中心线长度以延长米计算，不扣除检查（阀门）井、阀门、管件及附件所占的长度。

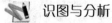 识图与分析

8m 长的喷泉管道有两根，6m、4m、2m 长的喷泉管道各有 4 根。

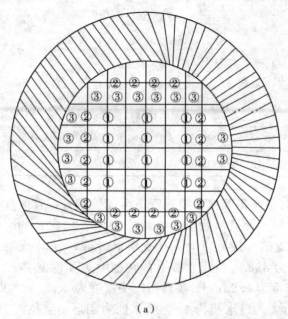

（a）

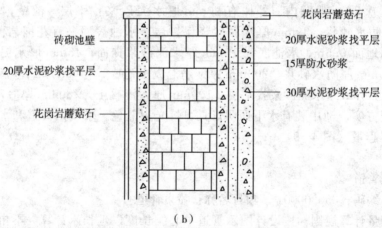

（b）

图 4-9 喷泉水池示意图（一）

（a）平面图；（b）池壁剖面图

1—树型喷头；2—旋转型喷头；3—水下照明灯

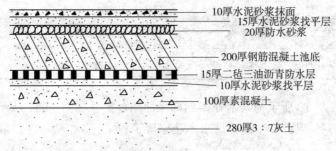

图 4-9　喷泉水池示意图（二）

（c）池底剖面图；（d）支架结构图

4—支架横梁；5—螺母；6—管卡

管道长 $L = 8 \times 2 + 6 \times 4 + 4 \times 4 + 2 \times 4 = 16 + 24 + 16 + 8 = 64$（m）

（2）水下艺术装饰灯具

项目编码： 050306003　　**项目名称：** 水下艺术装饰灯具

工程量计算规则： 按设计图示数量计算。

识图与分析

水下艺术装饰灯具共 18 套。

清单工程量计算见表 4-19。

表 4-19　　　　　　　　　　　清单工程量计算表

序号	项目编码	项目名称	项目特征描述	计量单位	工程量
1	050306001001	喷泉管道	管道为镀锌钢管，直径为 60mm；管道外喷有防水涂料；管道上装有固定支架；旋转型喷头和树型喷头	m	64.00

序号	项目编码	项目名称	项目特征描述	计量单位	工程量
2	050306003001	水下艺术装饰灯具	灯光为蓝色	套	18

【例11】 如图4-10所示为某木花架局部平面图，尺寸如图4-11所示，用刷喷涂料干各檩上，各檩厚150mm，试求木花架檩工程量。

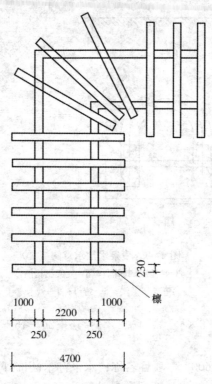

图4-10 某花架局部平面示意图

【解】

项目编码：050304004　项目名称：木花架柱、梁

工程量计算规则：按设计图示截面乘长度（包括榫长）以体积计算。

 识图与分析

木花架檩截面尺寸：150mm×230mm。单根长度为4.7m，共有12根。

 工程量计算

$0.23×0.15×4.7×12=1.95$（m^3）

清单工程量计算见表4-20。

表 4 - 20 清单工程量计算表

项目编码	项目名称	项目特征描述	计量单位	工程量
050304004001	木花架柱、梁	檩截面 230mm×150mm	m³	1.95

【例12】如图 4 - 11 所示为某花架柱子局部平面和断面示意图，各尺寸如图所示，共有 24 根柱子，试求挖土方工程量及现浇混凝土柱子工程量。

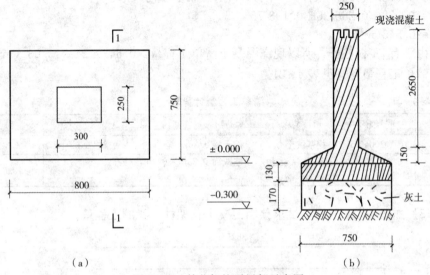

图 4 - 11 某花架柱子局部示意图

(a) 柱基础平面示意图；(b) 柱剖面示意图

【解】

(1) **项目编码：** 010101004001 **项目名称：挖基坑土方**

工程量计算规则： 按设计图示尺寸以基础垫层底面积乘以挖土深度计算。

识图与分析

基坑长 0.8m，宽 0.75m，深 [0.000－（－0.300）] m，共 24 个。

工程量计算

挖基坑土方工程量＝0.75×0.8×0.3×24＝4.32（m³）

(2) **项目编码：** 050304001 **项目名称：现浇混凝土花架柱、梁**

工程量计算规则： 按设计图示尺寸以体积计算。

识图与分析

单根混凝土柱组成：底为 0.8m×0.75m，高为 0.13m 的长方体；中间下底为 0.8m×0.75m，上底为 0.25m×0.30m 的四棱台；上面为横截面尺寸 0.25m×

0.30m，高 2.65m 四棱柱。

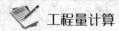 **工程量计算**

每根柱子现浇混凝土工程量为

$0.8×0.75×0.13+[0.25×0.3+(0.25+0.75)×(0.3+0.8)+0.75×0.8]$
  $×0.15+0.25×0.3×2.65$

$=0.078+(0.075+1.1+0.6)×0.15+0.198\ 75$

$=0.078+0.266\ 25+0.198\ 75$

$=0.543(m^3)$

由于有 24 根柱子，所以现浇混凝土清单工程量：$0.543×24=13.03$（m^3）

清单工程量计算见表 4-21。

表 4-21   清单工程量计算表

序号	项目编码	项目名称	项目特征描述	计量单位	工程量
1	010101004001	挖基坑土方	挖土深 0.3m	m^3	4.32
2	050304001001	现浇混凝土花架柱、梁	柱截面 0.25m×0.3m，柱高 2.65m，共 24 根	m^3	13.03

【例 13】 如图 4-12 所示，试求预制混凝土花架柱、梁的工程量。

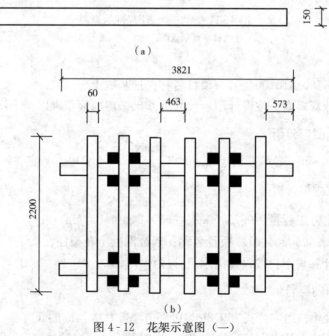

图 4-12 花架示意图（一）

(a) 梁平面图；(b) 花架平面图

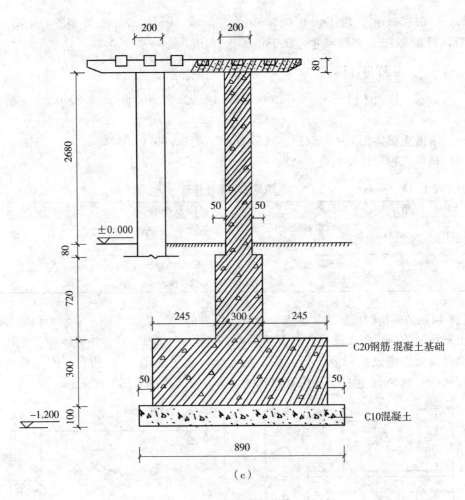

图 4-12　花架示意图（二）

（c）花架立面、剖面图

注：1. 尺寸单位：标高为 m，其他均为 mm。

2. 混凝土：基础部分为 C10，其他梁、柱均为 C20。

3. 混凝土柱的宽厚一样，为 200mm。

【解】

项目编码： 050304002　**项目名称：** 预制混凝土花架柱、梁

工程量计算规则： 按设计图示尺寸以体积计算。

识图与分析

预制混凝土柱共 4 根，每根有一个长柱与一个短粗柱共两个钢筋混凝土立方体组成，从上到下两个立方体尺寸依次是：（0.3−0.05−0.05）m×（0.3−

0.05−0.05) m× (2.68+0.08) m ; 0.3m×0.3m×0.72m。预制混凝土梁共 2 根，长 3.821m，截面尺寸为 0.08m× 0.15 m。

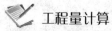 **工程量计算**

混凝土柱架体积 $V = [0.72×0.3×0.3+ (2.68+0.08) ×0.2×0.2] ×4$
$\qquad = 0.70 \ (m^3)$

混凝土梁体积 $V=3.821×0.15×0.08×2=0.09 \ (m^3)$

清单工程量计算见表 4-22。

表 4-22   清单工程量计算表

序号	项目编码	项目名称	项目特征描述	计量单位	工程量
1	050304002001	预制混凝土花架柱、梁	柱截面 200mm×200mm，柱高2.76m，共4根	m^3	0.70
2	050304002002	预制混凝土花架柱、梁	梁截面 150mm×80mm，梁长3.821m，共2根	m^3	0.09

【例 14】 某园桥的桥面为了游人安全以及更好的起到装饰效果，安装了钢筋混凝土制作的雕刻栏杆，采用青白石罗汉板，有扶手（厚 8cm），并银锭扣固定，在栏杆端头用抱鼓石对罗汉板封头，具体结构布置如图 4-13 所示，该园桥桥面长 8.5m，宽 2m，栏杆下面用青白石的地伏石安装，试求其工程量。

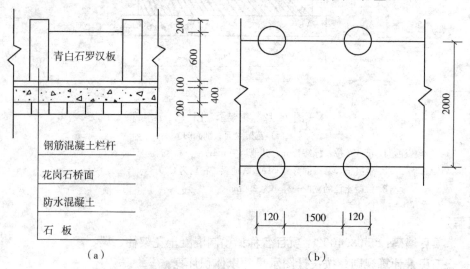

图 4-13 园桥结构布置示意图

(a) 剖面图；(b) 平面图

注：桥面长 8.5m。栏板 10 块。

【解】

（1）**项目编码：**050201011　**项目名称：**石桥面铺筑

　　工程量计算规则：按设计图示尺寸以面积计算。

 识图与分析

桥面宽 2m，桥面长 8.5m。

 工程量计算

花岗石桥面的工程量＝8.5×2＝17（m²）

（2）**项目编码：**020202004　**项目名称：**栏板

　　工程量计算规则：按设计图示尺寸以长度计算。

 识图与分析

青白石的地伏石长度等于桥面长度，为 8.5m。

（3）**项目编码：**050307006　**项目名称：**铁艺栏杆

　　工程量计算规则：按设计图示尺寸以长度计算。

 识图与分析

所给园桥共有 2 根栏杆，高 80cm。

　　　 工程量计算

栏杆工程量为 8.5×2＝17（m）。

（4）项目编码：020202004　**项目名称：**栏板

　　工程量计算规则：按设计图示数量计算。

该园桥共有青白石罗汉板 10 块。

清单工程量计算见表 4 - 23。

表 4 - 23　　　　　　　　　　清单工程量计算表

序号	项目编码	项目名称	项目特征描述	计量单位	工程量
1	050201011001	石桥面铺筑	花岗石	m²	17.00
2	020202004001	栏板	青白石	m	17.00
3	050307006001	铁艺栏杆	钢筋混凝土制作	m	17.00
4	020202004002	栏板	青白石	块	10

【例 15】公园内有一堆砌石假山，山石材料为黄石，山高 3.5m，假山平面轮廓的水平投影外接矩形长 8m，宽 4.5m，投影面积为 28m²。假山下为混凝土基础，40mm 厚砂石垫层，110mm 厚 C10 混凝土，1:3 水泥砂浆砌山石。石间空隙处填土配制有小灌木，试求工程量（图 4 - 14）。

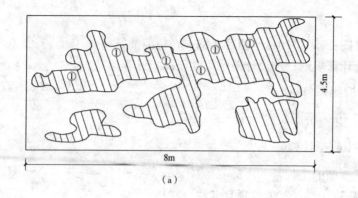

（a）

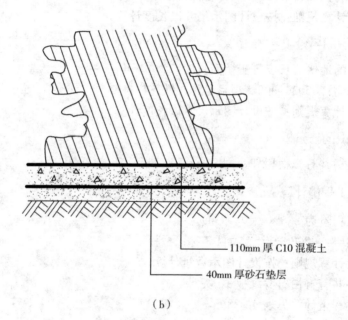

110mm 厚 C10 混凝土

40mm 厚砂石垫层

（b）

图 4-14　假山水平投影图、剖面图

（a）假山水平投影图；（b）假山剖面图

1—贴梗海棠

注：堆砌石假山投影面积 28m²，山高 3.5m。

$$W = AHRK_n$$

式中　W——石料质量（t）；

A——假山平面轮廓的水平投影面积（m²）；

H——假山着地点至最高顶点的垂直距离（m）；

R——石料比重：黄（杂）石 2.6t/m³、湖石 2.2t/m³；

K_n——折算系数；高度在 2m 以内 $K_n=0.65$，高度在 4m 以内 $K_n=0.56$。

【解】

（1）**项目编码**：050301002 **项目名称**：堆砌石假山

工程量计算规则：按设计图示尺寸以质量计算。

 识图与分析

堆砌石假山投影面积为 28m², 山高 3. 5m。

工程量计算

$W = AHRK_n = 28 \times 3.5 \times 2.6 \times 0.56 = 142.688$（t）

（2）**项目编码**：050102002 **项目名称**：栽植灌木

工程量计算规则：以株计量，按设计图示数量计算。

识图与分析

从图中数出贴梗海棠为 6 株。

清单工程量计算见表 4 - 24。

表 4 - 24   清单工程量计算表

序号	项目编码	项目名称	项目特征描述	计量单位	工程量
1	050301002001	堆砌石假山	山石材料为黄石，山高 3.5m	t	142.688
2	050102002001	栽植灌木	贴梗海棠	株	6

【例 16】 某景区有一座六角亭，如图 4 - 15 所示，六角亭边长为 4m，其屋面坡顶交汇成一个尖顶，于六个角处有 6 根梢径为 18cm 的木柱子，亭屋面板为就位预制混凝土攒尖亭屋面板，板厚 16mm，采用灯笼锦纹样的树枝吊挂楣子装饰亭子，试求工程量。

【解】

（1）**项目编码**：050302001 **项目名称**：原木（带树皮）柱、梁、檩、椽

工程量计算规则：按设计图示尺寸以长度计算（包括榫长）。

 识图与分析

六角亭有 6 根长度为 3.2m 的木柱子。

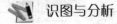 **工程量计算**

工程量＝3.2×6＝19.2（m）

（2）**项目编码**：050302003 **项目名称**：树枝吊挂楣子

工程量计算规则：按设计图示尺寸以框外围面积计算。

识图与分析

吊挂楣子长度为六边形边长之和，厚度为 0.25m。

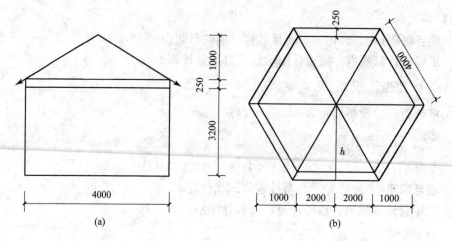

图 4 - 15　六角亭构造示意图

(a) 立面图；(b) 平面图

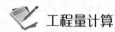 工程量计算

树枝吊挂楣子工程量＝4×6×0.25＝6.00（m²）

（3）**项目编码**：020410003　**项目名称**：亭屋面板

识图与分析

亭子面板分六个正三角形。三角形边长为 4.0m。厚度为 0.016m。

 工程量计算

$$一个正三角形面积＝\frac{\sqrt{3}}{4}×4×4$$

$$＝6.928（m²）$$

六个正三角形面积＝6.928×6

$$＝41.568（m²）$$

体积＝41.568×0.016

$$＝0.67（m³）$$

清单工程量计算见表 4 - 25。

表 4 - 25　　　　　　　　　　清单工程量计算表

序号	项目编码	项目名称	项目特征描述	计量单位	工程量
1	050302001001	原木（带树皮）柱、梁、檩、椽	梢径为 18cm	m	19.20

续表

序号	项目编码	项目名称	项目特征描述	计量单位	工程量
2	050302003001	树枝吊挂楣子	灯笼锦纹样的，树枝吊桂楣子	m²	6.00
3	050303005001	预制混凝土攒尖亭屋面板	六角亭亭屋面板	m³	0.67

【例 17】 某景区要建一座穹顶的亭子，如图 4-16 所示，用梢径为 12cm 的竹子作柱子，共有 4 根，穹顶为预制混凝土穹顶，厚 15mm，亭子底座为直径 3m 的圆形，亭屋面盖上绿色石棉瓦，檐枋之下吊挂着宽 25cm 的竹吊挂楣子，试求工程量。

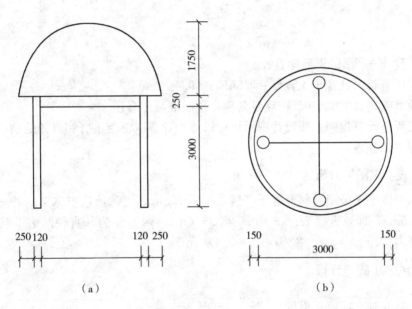

图 4-16 某穹顶亭构造示意图
(a) 立面图；(b) 平面图

【解】

(1) **项目编码：**050302004 **项目名称：竹柱、梁、檩、椽**

工程量计算规则：按设计图示尺寸以长度计算。

 **识图与分析**

亭子有 4 根长度为 3m 的竹柱子。

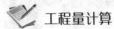 **工程量计算**

工程量＝3×4＝12（m）

（2）**项目编码**：050302006   **项目名称**：竹吊挂楣子

工程量计算规则：按设计图示尺寸以框外围面积计算。

 **识图与分析**

亭子在檐枋之下吊挂着竹吊挂楣子，用来装饰亭子。圆直径为 3m。竹吊楣子长度为圆周长，宽度为 0.25m。

 **工程量计算**

竹吊楣子工程量＝竹吊楣子长度×宽度

$$= \pi D \times 0.25$$
$$= 3.14 \times 3 \times 0.25$$
$$= 2.355 \ (\text{m}^2)$$
$$= 2.36 \ (\text{m}^2)$$

式中 D——亭子圆形底座直径。

则所有竹吊挂楣子工程量＝2.36×4＝9.44（m²）

（3）**项目编码**：050303005   **项目名称**：预制混凝土穹顶

工程量计算规则：按设计图示尺寸以体积计算。混凝土脊和穹顶的肋、基梁并入屋面体积内。

 **识图与分析**

已知该亭子采用预制混凝土穹顶，板厚 15mm，穹顶所成半球形的外直径为（3＋0.5m），即外直径 $2R = 3 + 0.5 = 3.5$（m），内直径为外直径减去 2 倍的板厚，即内直径 $2r = 3.5 - 2 \times 0.015 = 3.47$（m）

 **工程量计算**

预制混凝土穹顶工程量 $= \dfrac{4\pi \ (R^3 - r^3)}{3} \times \dfrac{1}{2}$

$$= \dfrac{4 \times 3.14 \times \left[\left(\dfrac{3.5}{2}\right)^3 - \left(\dfrac{3.47}{2}\right)^3 \right]}{3} \times \dfrac{1}{2} = 0.29 \ (\text{m}^3)$$

清单工程量计算见表 4 - 26。

表 4 - 26   清单工程量计算表

序号	项目编码	项目名称	项目特征描述	计量单位	工程量
1	050302004001	竹柱、梁、檩、椽	竹子梢径为 12cm	m	12.00
2	050302006001	竹吊挂楣子	宽 25cm 的竹吊挂楣子	m²	9.44
3	050303005001	预制混凝土穹顶	厚度 15mm，内直径 3m	m³	0.29

【例18】某公园花架用现浇混凝土花架柱、梁搭接而成，已知花架总长度为9.3m，宽2.5m，花架柱、梁具体尺寸、布置形式如图4-17所示，该花架基础为混凝土基础，厚60cm，试求工程量。

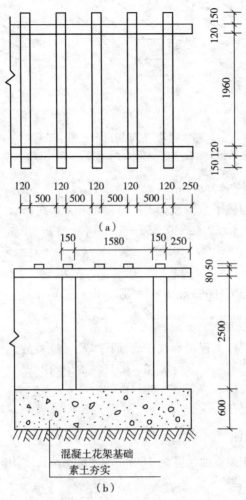

图4-17 花架构造示意图（一）
(a) 平面图；(b) 剖面图

【解】

项目编码：050304001 项目名称：现浇混凝土花架柱、梁

工程量计算规则：按设计图示尺寸以体积计算。

(1) 现浇混凝土花架柱

识图与分析

花架柱子净间距1580mm，柱子截面尺寸为150mm×150m。边柱距花架边

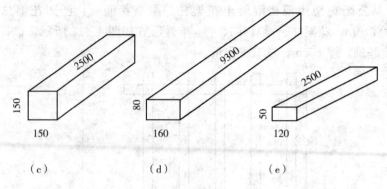

图 4-17 花架构造示意图（二）

（c）柱尺寸示意图；（d）纵梁尺寸示意图；（e）小檩条尺寸示意图

缘 250mm。花架总长度为 9.3m。

假设花架一侧的柱子数目设为 x，则有如下关系式：

$$0.25 \times 2 + 0.15x + 1.58 (x-1) = 9.3$$
$$1.73x = 10.38$$
$$x = 6 （根）$$

则可得出整个花架柱共有：6×2＝12（根）

  工程量计算

现浇混凝土花架柱工程量＝柱子底面积×高×柱根数

$$= 0.15 \times 0.15 \times 2.5 \times 12$$
$$= 0.68 （m^3）$$

（2）现浇混凝土花架梁

  识图与分析

现浇混凝土花架梁截面尺寸为 160mm×80mm，长度为 9.3m，共 2 根。

  工程量计算

花架纵梁的工程量＝纵梁断面面积×长度×2 根

$$= 0.16 \times 0.08 \times 9.3 \times 2$$
$$= 0.24 （m^3）$$

（3）现浇混凝土花架檩条

识图与分析

花架檩条净距 500mm，截面尺寸 120mm×50mm，花架总长度 9.3m。假设花架檩条数目为 y，则有如下关系：

$$0.25 \times 2 + 0.12y + 0.5 (y-1) = 9.3$$

$$0.62y = 9.3$$

$$y = 15 \text{（根）}$$

则共有 15 根檩条

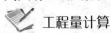 工程量计算

花架檩条工程量＝檩条断面面积×长度×15 根

$$= 0.12 \times 0.05 \times 2.5 \times 15$$

$$= 0.23 \text{（m}^3\text{）}$$

清单工程量计算见表 4-27。

表 4-27　　　　　　　　　　清单工程量计算表

序号	项目编码	项目名称	项目特征描述	计量单位	工程量
1	050304001001	现浇混凝土花架柱	花架柱的截面为 150mm×150mm，柱高 2.5m，共 12 根	m³	0.68
2	050304001002	现浇混凝土花架梁	花架纵梁的截面为 160mm×80mm，梁长 9.3m，共 2 根	m³	0.24
3	050304001003	现浇混凝土花架梁	花架檩条截面为 120mm×50mm，檩条长 2.5m，共 15 根	m³	0.23

【例 19】某景区有木制的飞来椅供游人休息，如图 4-18 所示。该景区木制座凳为双人座凳长 1m，宽 40cm，座椅表面进行油漆涂抹防止木材腐烂，为了使人们坐得舒适，座面有 6°的水平倾角，试求工程量。

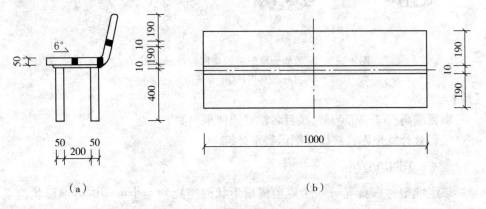

图 4-18　木制飞来椅构造示意图

(a) 立面图；(b) 平面图

【解】

项目编码：020511001 **项目名称：**鹅颈靠背

工程量计算规则：按设计图示尺寸以座凳面中心线长度计算。

根据图示可知该景区木制飞来椅工程量为 1000mm。

清单工程量计算见表 4 - 28。

表 4 - 28 **清单工程量计算表**

项目编码	项目名称	项目特征描述	计量单位	工程量
020511001001	鹅颈靠背	木制飞来椅双人座凳长 1m，宽 40cm，座椅表面进行油漆涂抹，座面有 6°水平倾角	m	1.00

【例 20】某植物园以钢筋、钢丝网作骨架，再仿照树根粉以彩色水泥砂浆，堆塑成树根形状的桌凳供游人休息，形状构造如图 4 - 19 所示。基础为厚 120mm 的素混凝土材料，其四周比支墩延长 100mm，所用骨架为网孔 4mm 预制的钢丝网与钢筋，已知 6.1875t/m³，试求工程量。

（a） （b）

图 4 - 19 某植物园堆塑树根桌椅构造示意图（一）

（a）立体图；（b）平面图

【解】

项目编码：050305008 **项目名称：**塑树根桌凳

工程量计算规则：按设计图示数量计算。

识图与分析

该组堆塑树根桌凳有 4 个堆塑树根形状的座凳和 1 个堆塑成树根形状的桌子，4 个座凳围绕桌子以 4 等分线位置等距排列。

清单工程量计算见表 4 - 29。

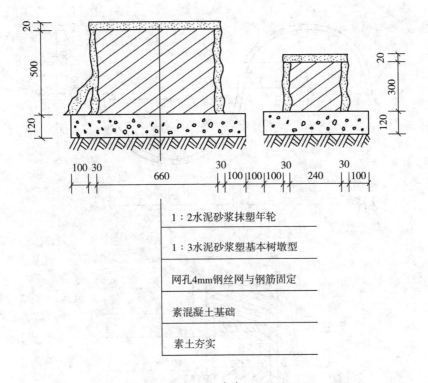

1：2水泥砂浆抹塑年轮

1：3水泥砂浆塑基本树墩型

网孔4mm钢丝网与钢筋固定

素混凝土基础

素土夯实

（c）

图 4 - 19　某植物园堆塑树根桌椅构造示意图（二）

（c）剖面图

表 4 - 29 　　　　　　　　　　　　清单工程量计算表

序号	项目编码	项目名称	项目特征描述	计量单位	工程量
1	050305008001	塑树根桌凳	凳子的直径为 150mm，高为 300mm，彩色水泥砂浆	个	4
2	050305008002	塑树根桌凳	桌子的直径为 360mm，高为 500mm，彩色水泥砂浆	个	1

【例 21】某绿地旁边安放有"S"形木制飞来椅，如图 4 - 20 所示，为防止木材腐烂，在木材表面涂抹清漆进行防护，基础为厚 100mm 素混凝土材料，埋设深度为 450mm，其四周比支墩放宽 100mm，试求工程量。

【解】

项目编码：020511001　项目名称：鹅颈背靠

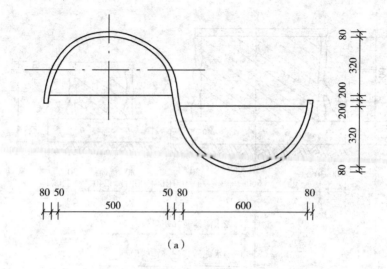

（a）

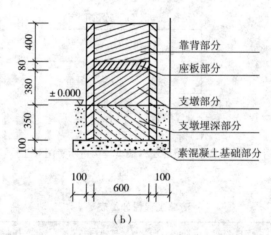

（b）

图 4-20　"S"形木制飞来椅构造示意图
（a）平面图；（b）剖面图

工程量计算规则：按设计图示尺寸以座凳面中心线长度计算。

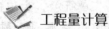 识图与分析

飞来椅中心线为 0.5m 的两段。木制飞来椅在园林工程工程量计算规则的注里要求按仿估规范中的规定计算。

　　工程量计算

木制飞来椅清单工程量为 0.5×2＝1.00（m）。

清单工程量计算见表 4-30。

表 4 - 30　　　　　　　　　　清单工程量计算表

项目编码	项目名称	项目特征描述	计量单位	工程量
020511001001	鹅颈背靠	"S"形木制飞来椅木材表面涂抹清漆防护	m	1.00

【例 22】某景区草坪上零星点缀有以青白石为材料制安的石灯共有 26 个，石灯构造如图 4 - 21 所示。所用灯具均为 80W 普通白炽灯，混合料基础宽度比须弥座四周延长 100mm，试求工程量。

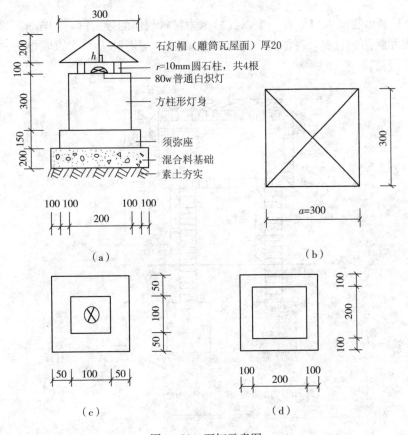

图 4 - 21　石灯示意图

(a) 石灯剖面构造图；(b) 石灯帽平面构造图；

(c) 方椎形灯身平面构造图；(d) 须弥座平面构造图

注：石灯共有 26 个。

【解】

　　项目编码：050307001　项目名称：石灯

工程量计算规则：按设计图示数量计算。

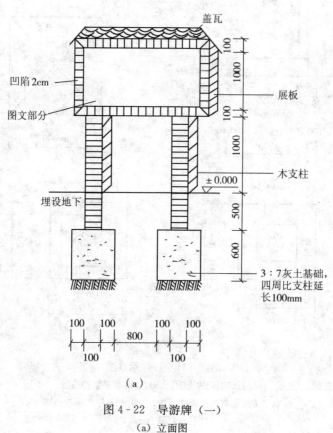 识图与分析

景区共有 26 个青白石为材料制安的石灯。

清单工程量计算见表 4-31。

表 4-31　　　　　　　　　　　清单工程量计算表

项目编码	项目名称	项目特征描述	计量单位	工程量
050307001001	石灯	略	个	26

【例 23】某植物园入口处有一个以红杉木为材料制作的导游牌，如图 4-22 所示，木材表面涂防护材料，导游牌顶搭木板并盖瓦，导游牌上图文以喷燃方式处理，试求工程量。

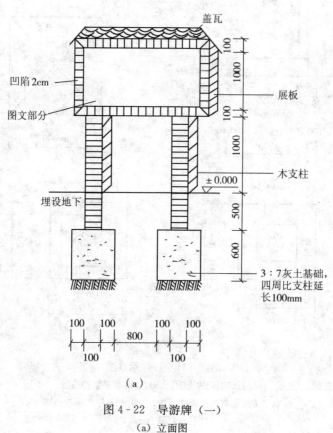

（a）

图 4-22　导游牌（一）

（a）立面图

注：导游牌 1 个。

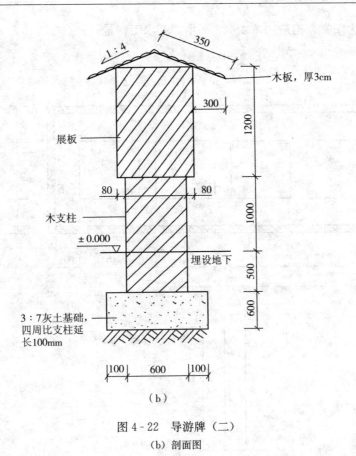

图 4 - 22　导游牌（二）
（b）剖面图

【解】

　　项目编码：050307009　　**项目名称：**标志牌

　　工程量计算规则：按设计图示数量计算。

　　识图与分析

　　导游牌 1 个。

　　清单工程量计算见表 4 - 32。

表 4 - 32　　　　　　　　　　　　　清单工程量计算表

项目编码	项目名称	项目特征描述	计量单位	工程量
050307009001	标志牌	木红杉导游牌，木材表面喷涂防护材料，顶搭木板并盖瓦，图文以喷燃方式处理	个	1

【例 24】某公园的匾额用青白石为材料制成，上面雕刻有"××公园"四个石镌

字，镌字为阳文，构造如图 4-23 所示，试求工程量。

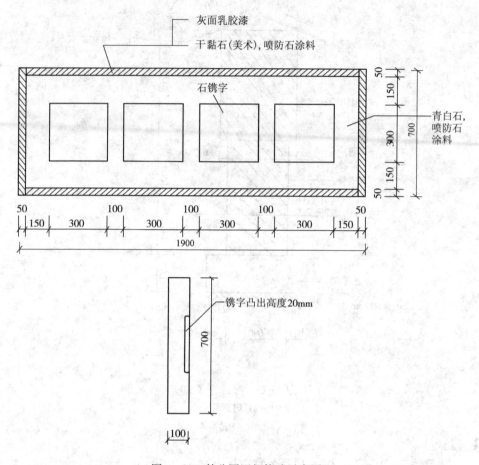

图 4-23　某公园匾额构造示意图

【解】

（1）**项目编码：**020207002　**项目名称：石板镌字**

　　工程量计算规则：按设计图示数量计算。

　　　识图与分析

　　已知共有石镌字 4 个，镌字为阳文，其规格为 30cm×30cm，镌字凸出高度为 2cm。

（2）**项目编码：**050307018　**项目名称：砖石砌小摆设**

　　工程量计算规则：按设计图示尺寸以体积计算或以数量计算。

　　　识图与分析

　　青白石板长宽为 1.9m×0.7m，厚度为 0.1m。

 工程量计算

用青白石制作的匾额，青白石板面积＝1.9×0.7＝1.33（m²）

所用青白石的工程量＝青白石面积×厚度＝1.33×0.1＝0.13（m³）

清单工程量计算见表4-33。

表4-33 清单工程量计算表

序号	项目编码	项目名称	项目特征描述	计量单位	工程量
1	020207002001	石板镌字	阳文，规格 30cm×300cm，凸出高度为2cm	个	4
2	050307018001	砖石砌小摆设	青白石制作的匾额	m³（个）	0.13

【例25】某亭子内柱、梁、檩条和顶部支撑瓦的椽全为原木构件，试求工程量（图4-24）。

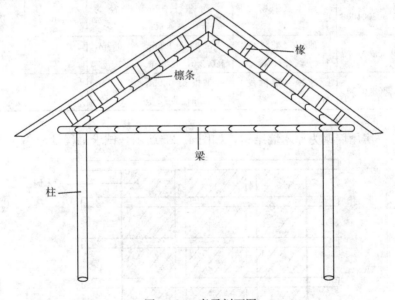

图4-24　亭子剖面图

　　注：柱子每根长3m，半径为0.2m，共5根；梁每根长2m，半径为0.15m，共4根；檩条每根长1.8m，宽0.3m，高0.25m，共10根；椽每根长0.5m，宽0.3m，高0.2m，共65根。

【解】

　　项目编码：050302001　项目名称：原木（带树皮）柱、梁、檩、椽

　　工程量计算规则：按设计图示尺寸以长度计算（包括榫长）。

 识图与分析

柱子5根，每根长3m；梁4根，每根长2m；檩10根，每根长1.8m；椽65根，每根长0.5m。

 **工程量计算**

柱子总长度 $L=1$ 根柱子的长度×根数$=3×5=15$（m）

梁的总长度 $L=1$ 根梁的长度×根数$=2×4=8$（m）

檩条的总长度 $L=1$ 根檩条的长度×根数$=1.8×10=18$（m）

椽的总长 $L=0.5×65=32.5$（m）

清单工程量计算见表4-34。

表4-34　　　　　　　　　　清单工程量计算表

序号	项目编码	项目名称	项目特征描述	计量单位	工程量
1	050302001001	原木（带树皮）柱、梁、檩、椽	每根长3m，半径为0.2m，共5根	m	15.00
2	050302001002	原木（带树皮）柱、梁、檩、椽	每根长2m，半径为0.15m，共4根	m	8.00
3	050302001003	原木（带树皮）柱、梁、檩、椽	每根长1.8m，宽0.3m，高0.3m，共10根	m	18.00
4	050302001004	原木（带树皮）柱、梁、檩、椽	每根长0.5m，宽0.3m，宽0.2m，共65根	m	32.50

【例26】一房屋墙壁为原木墙结构，如图4-25所示，试求工程量。

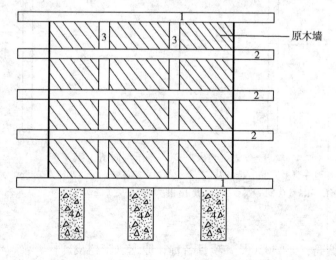

图4-25　原木墙剖面图

1—横龙骨；2—通贯龙骨；3—竖龙骨；4—钢筋混凝土桩

注：原木墙梢径为18cm，原木墙长2.8m，宽2m，墙体中装有镀锌钢板龙骨，龙骨长3m，宽0.4m，厚1.2mm，墙底层地基中打入有钢筋混凝土矩形桩，每个桩长5m，矩形表面长1m，宽0.6m，原木墙表面抹有灰面白水泥浆。

【解】

项目编码：050302002 项目名称：原木（带树皮）墙

工程量计算规则：按设计图示尺寸以面积计算（不包括柱、梁）。

 识图与分析

原木墙长 2.8m，宽 2m。

 工程量计算

墙体面积 S ＝长×宽＝2.8×2＝5.6（m²）

清单工程量计算见表 4 - 35。

表 4 - 35 **清单工程量计算表**

项目编码	项目名称	项目特征描述	计量单位	工程量
050302002001	原木（带树皮）墙	原木墙稍径 18cm，镀锌钢板龙骨，原木墙表面抹有灰面白水泥浆	m²	5.60

【例27】某房屋中各房间之间是用竹编墙来隔开空间，房屋地板面积92m²，地板为水泥地板。如图 4 - 26 所示，试求工程量。

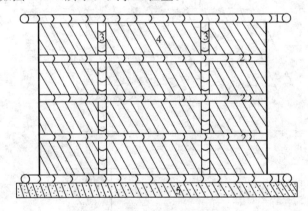

图 4 - 26 竹编墙结构示意图

1—横龙骨；2—通贯龙骨；3—竖龙骨；4—竹编墙；5—水泥地面

注：竹编墙长 4.5m，宽 3m，墙中龙骨也为竹制，横龙骨长 4.7m，通贯龙骨长 4.4m，竖龙骨长 2.9m，龙骨直径为 20mm。

【解】

项目编码：050302005 项目名称：竹编墙

工程量计算规则：按设计图示尺寸以面积计算（不包括柱、梁）。

 识图与分析

竹编墙长 4.5m，宽 3m。

工程量计算

竹编墙面积 $S=$ 长 $\times$ 宽 $=4.5\times3=13.5$ （m²）

清单工程量计算见表 4-36。

表 4-36   清单工程量计算表

项目编码	项目名称	项目特征描述	计量单位	工程量
050302005001	竹编墙	墙中龙骨为竹制，横龙骨长4.7m，通贯龙骨长 4.4m，竖龙骨长 2.9m，龙骨直径为 20mm，地板为水泥地板	m²	13.50

【例 28】一建筑物顶层为竹屋面结构，为了下雨时顶层尽量不积水减少对竹子的腐蚀，竹屋面为立面结构，屋面长 60m，宽 30m，长与宽夹角为 60°，屋面坡度为 0.3，从上往下依次为 120 厚竹竿铺面，50 厚粗砂过滤层，200 厚陶粒排水层，50 厚 SBS 改性油毡和沥青防水层，30 厚水泥砂浆找平层，30 厚石棉瓦保温隔热层，120 厚结构楼板，15 厚抹灰层如图 4-27 所示。求工程量。

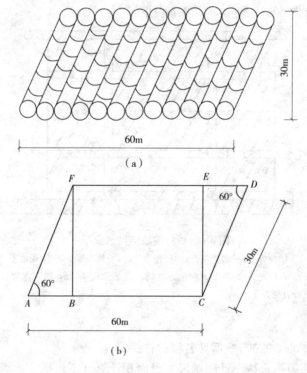

图 4-27 屋顶面平面剖面图（一）

(a) 立面结构平面图；(b) 平面分解图

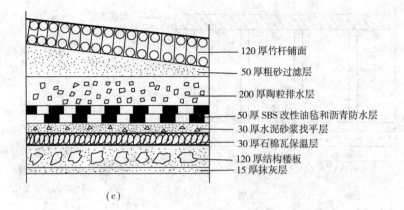

图 4-27　屋顶面平面剖面图（二）
(c) 竹屋面剖面分层图

注：竹屋面是指建筑顶层的构造层由竹材料铺设而成。竹材的力学强度很高，抗拉、抗压强度优于木材，富有弹性，不易折断，但刚性差，易变形，易开裂。由于竹材为有机物，作为建筑材料还必须进行防腐、防蛀处理。

【解】

项目编码：050302002　**项目名称：竹屋面**

工程量计算规则：按设计图示尺寸以实铺面积计算（不包括柱、梁）。

 识图与分析

竹屋面为平行四边形，长为 60m，宽为 30m，长宽两边的夹角为 60°。长边对应的高为

$$30\sin60°=30×\sqrt{3}/2=25.98 \ (m)$$

工程量计算

竹屋面实铺面积＝长×高＝60×25.98＝1558.8（m²）

清单工程量计算见表 4-37。

表 4-37　　　　　　　　　　清单工程量计算表

项目编码	项目名称	项目特征描述	计量单位	工程量
050303002001	竹屋面	屋面坡度为 0.3，如图 4-29 所示	m²	1558.80

【例29】某植物园内有一座以现场预制的檩条钢筋混凝土模板搭建的廊架，如图 4-28 所示。已知梁、柱均为圆柱体形状，共有 18 根柱子，3 根横梁，6 根斜梁，梁、柱、檩条表面均用水泥砂浆塑出竹节、竹片形状，廊顶用翠绿色瓦盖顶，试求工程量。

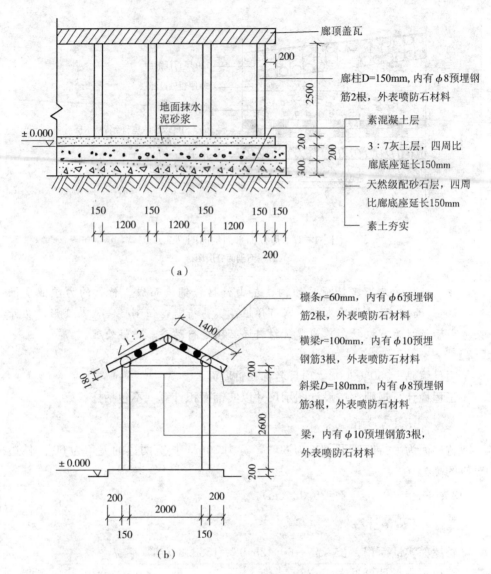

图 4-28 某植物园廊架构造示意图

(a) 廊架立面图；(b) 廊架剖面图

注：柱子 18 根，横梁 3 根，斜梁 6 根。

【解】

　项目编码：050307005 项目名称：塑竹梁、柱

　工程量计算规则：按设计图示尺寸以梁柱外表面积或以构件长度计算。

🖊 识图与分析

共有 3 根横梁、6 根斜梁组成。

 **工程量计算**

工程量（S_1）＝横梁模板所占面积＋斜梁模板所占面积

根据图示计算廊架长度＝$0.2 \times 2 + 0.15 \times \dfrac{18}{2} + 1.2 \times (9-1)$

$$= 0.4 + 1.35 + 9.6 = 11.35 \text{ (m)}$$

（因为横梁分两面，则一面有$\dfrac{18}{2}$根＝9根柱子）

注：共18根柱子，一侧9根，则柱子中间的间距之和为（9－1）×1.2m，柱子直径为0.15m，柱子所占长度为0.15×9m。两端各挑出0.2m的长度。则横梁的长度为0.15×9＋（9－1）×1.2＋0.2×2。

梁模板工程量：$S_1 = (3.14 \times 0.1 \times 2 \times 11.35 \times 3 + 3.14 \times 0.18 \times 1.4 \times 4 + 3.14$

$$\times 0.2 \times 2 \times 2)$$

$$= 7.1278 \times 3 + 0.7913 \times 4 + 1.256 \times 2$$

$$= 21.384 + 3.1652 + 2.512$$

$$= 27.06 \text{ (m}^2)$$

注：横梁半径为0.1m，则周长可知，长度等于廊架长度11.35m，周长×长度，横梁的侧面面积可求，共3根横梁。斜梁的直径为0.18m，长度为1.4m，共4根，斜梁侧面面积可知。柱子之间梁的高为0.2m，长2m，共2根。则梁所有的面积可知。

柱子高2.5m，共有18根

工程量（S_2）＝柱子的底面周长×柱高（即求出柱子模板所占面积）×根数

$$= 3.14 \times 0.15 \times 2.5 \times 18$$

$$= 1.1775 \times 18 = 21.20 \text{ (m}^2)$$

注：柱子的直径为0.15m，周长可知，高度为2.5m，侧面积可知，共18根柱子，则总的侧面积可知。

檩条的长度等于廊架长度为11.35m。

工程量（S_3）＝檩条的底面周长×檩条长度×根数（即求出檩条所占面积）

檩条共有4根，长度等于廊架长度。

$$S_3 = 3.14 \times 0.06 \times 2 \times 11.35 \times 4 = 4.2767 \times 4 = 17.11 \text{ (m}^2)$$

注：檩条的半径为0.06m，周长可计算，长度为11.35m，侧面积可知，共4根。则檩条总的侧面积可求。

清单工程量计算见表4-38。

表 4 - 38   **清单工程量计算表**

序号	项目编码	项目名称	项目特征描述	计量单位	工程量
1	050307005001	塑竹梁、柱	圆柱形，3 根横梁，6 根斜梁，水泥砂浆塑出竹节，竹片	m²	27.06
2	050307005002	塑竹梁、柱	18 根圆柱形柱子，水泥砂浆塑出竹节，竹片	m²	21.20
3	050307005003	塑竹梁、柱	水泥砂浆塑出竹节，竹片	m²	17.11

【例 30】 某圆形广场有如图 4 - 29 所示的椅子，供游人休息观赏之用。已知广场直径为 20m，凳子围绕着广场以 45°角方向进行布置。椅子的座面及靠背材料为塑料，扶手及凳腿则为生铁浇铸而成。铁构件表面刷防锈漆一道，调和漆两道，试求工程量。

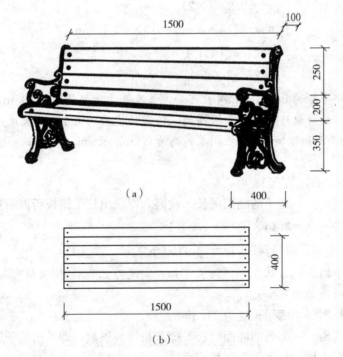

图 4 - 29 某广场座椅构造示意图
(a) 立体图；(b) 平面图

【解】

项目编码：050305010   **项目名称：**塑料、铁艺、金属椅

工程量计算规则：按设计图示数量计算。

识图与分析

椅子是围绕着圆形广场以 45°角方向进行布置。

工程量计算

共有椅子数量＝360/45＝8（个）

清单工程量计算见表 4-39。

表 4-39　　　　　　　清单工程量计算表

项目编码	项目名称	项目特征描述	计量单位	工程量
050305010001	塑料、铁艺、金属椅	座椅座面及靠背材料为塑料、扶手及凳腿为生铁浇铸。铁构件表面刷防锈漆一道，调和漆两道	个	8

【例 31】某游乐园有一座用碳素结构钢所建的拱形花架，长度为 6.3m，如图 4-30 所示。所用钢材截面均为 60mm × 100mm，已知钢材为空心钢 0.05t/m³，花架采用 50cm 厚的混凝土作基础，试求工程量。

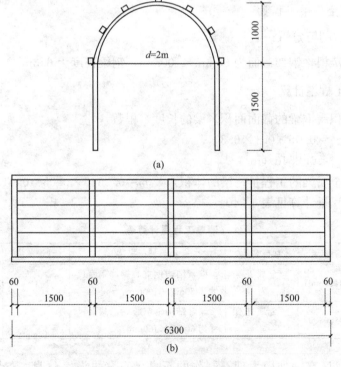

图 4-30　某游乐园花架构造示意图

（a）立面图；（b）平面图

注：花架长度为 6.3m。钢材截面均为 60mm×100mm。

【解】

项目编码：050304003　　项目名称：金属花架柱、梁

工程量计算规则：按设计图示以质量计算。

1. 花架金属柱工程量

识图与分析

钢材截面积为 60mm×100mm，竖直部分高度为 1.5m，两侧。拱形部分外侧直径长 2m，内侧直径长 (2－0.1×2) m，柱子每侧有 5 根。

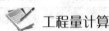工程量计算

花架所用碳素结构钢柱子的体积＝(两侧矩形钢材体积＋半圆形拱顶钢材体积)×每侧根数

$$= \left\{0.06\times0.1\times1.5\times2+\left[3.14\times\left(\frac{2}{2}\right)^2\times\frac{1}{2}-3.14\times\left(\frac{2-0.1\times2}{2}\right)^2\times\frac{1}{2}\right]\times2\right\}\times5$$

$$= (0.018+0.5966)\times5$$

$$=3.073 \ (\mathrm{m}^3)$$

则花架金属柱的工程量＝柱子体积×0.05＝3.073×0.05＝0.154 (t)

2. 花架金属梁工程量

识图与分析

钢梁为 7 根，钢架截面为 60mm×100mm，钢梁长度为 6.3m。

工程量计算

钢梁体积＝钢梁的截面面积×梁的长度×根数

$$=0.06\times0.1\times6.3\times7$$

$$=0.2646 \ (\mathrm{m}^3)$$

则花架金属梁的工程量＝梁的体积×0.05＝0.2646×0.05＝0.013 (t)

清单工程量计算见表 4-40。

表 4-40　　　　　　　　　　　清单工程量计算表

序号	项目编码	项目名称	项目特征描述	计量单位	工程量
1	050304003001	金属花架柱、梁	碳素结构钢空心钢，截面尺寸为 60mm×100mm	t	0.154
2	050304003002	金属花架柱、梁	碳素结构钢空心钢，截面尺寸为 60mm×100mm	t	0.013

【例32】 某景区有一处用大理石制作的石桌、石凳供游客休息，如图 4-31 所示。石桌、凳面均为圆形，基础为 3∶7 灰土材料制成厚度为 120mm，其四周边长比支墩放宽 100mm。4 个石凳围绕着圆桌以四等分圆线定位，试求工

程量。

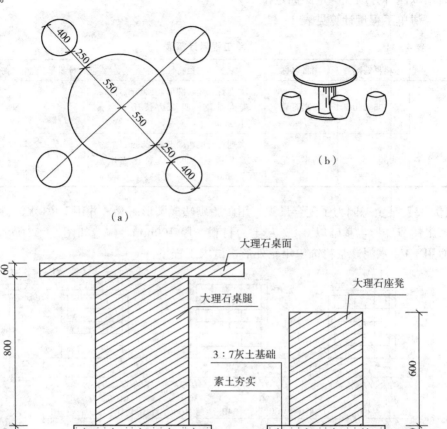

图 4 - 31 某景区圆形石桌、石凳构造示意图
(a) 平面图;(b) 立体图;(c) 剖面图

【解】

项目编码:050305006 **项目名称:石桌石凳**

工程量计算规则:按设计图示数量计算。

识图与分析

该组石桌、石凳有 4 个大理石石凳,1 个大理石石桌,4 个石凳围绕着圆形石桌以四等分圆线一定距离定位。

清单工程量计算见表4-41。

表 4-41   清单工程量计算表

序号	项目编码	项目名称	项目特征描述	计量单位	工程量
1	050305006001	石桌石凳	大理石石凳，圆形，120mm厚3：7灰土基础，四周边长比支墩放宽100mm	个	4
2	050305006002	石桌石凳	大理石石桌，圆形，120mm厚3：7灰土基础，四周边长比支墩放宽100mm	个	1

【例33】某生态园为了配合景观，用砖胎砌塑成圆形座凳，并用1：3水泥砂浆粉饰出树节外形，基础以3：7灰土为材料，厚100mm，构造如图4-32所示，凳面用1：2水泥砂浆粉饰出年轮外形，试求工程量。

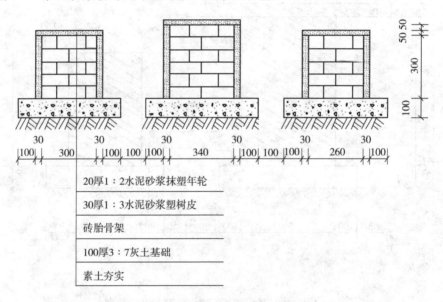

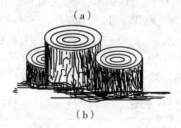

图4-32 某生态园堆塑树节椅构造示意图（一）

(a) 剖面图；(b) 立体图

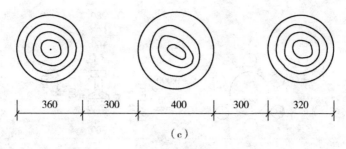

（c）

图 4 - 32 某生态园堆塑树节椅构造示意图（二）

（c）平面图

【解】

项目编码：050305009 项目名称：塑树节椅

工程量计算规则：按设计图示数量计算。

识图与分析

该组堆塑树节椅共有 3 个，尺寸大小各不相同，以直线方向排列。

清单工程量计算见表 4 - 42。

表 4 - 42 清单工程量计算表

项目编码	项目名称	项目特征描述	计量单位	工程量
050305009001	塑树节椅	1:3 水泥砂浆粉饰出树节外形，凳面 1:2 水泥砂浆粉饰年轮外形	个	3

【例 34】如图 4 - 33 所示为园林小品中的桌椅有关示意图。请根据图中尺寸计算桌椅清单工程量。

【解】

项目编码：050305004 项目名称：现浇混凝土桌凳

工程量计算规则：按设计图示数量计算。

识图与分析

根据图示可知凳子的工程量为 6 个；桌子的工程量为 1 个。

清单工程量计算见表 4 - 43。

表 4 - 43 清单工程量计算表

序号	项目编码	项目名称	项目特征描述	计量单位	工程量
1	050305004001	现浇混凝土桌凳	圆形现浇混凝土凳	个	6
2	050305004002	现浇混凝土桌凳	圆形现浇混凝土桌	个	1

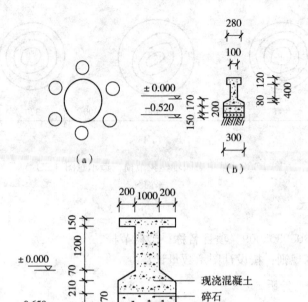

图 4 - 33　园林小品桌椅示意图

(a) 平面示意图；(b) 椅断面示意图；(c) 桌子断面示意图

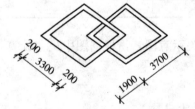

图 4 - 34　叠形花坛平面示意图

【例 35】 如图 4 - 34 所示为一个叠形花坛平面示意图，各尺寸在图中已给出，要在此花坛外表面贴大理石，求花坛清单工程量（花坛最上沿距地面 350mm）。

【解】

项目编码：050307014　项目名称：花盆（坛、箱）

工程量计算规则：按设计图示尺寸以数量计算。

识图与分析

根据图示可知花坛的工程量为 1 个。

清单工程量计算见表 4 - 44。

表 4 - 44　　　　　　　　　　清单工程量计算表

项目编码	项目名称	项目特征描述	计量单位	工程量
050307014001	花盆（坛、箱）	叠形花坛，花坛外表面贴大理石	个	1

【例36】如图4－35所示为连座花坛示意图，求清单工程量。

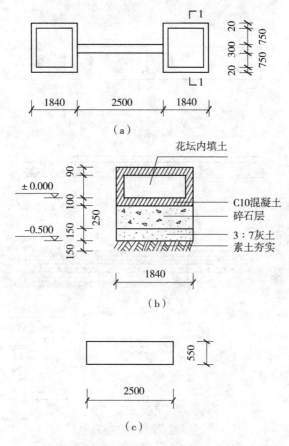

图4－35 连座花坛示意图

(a) 平面图；(b) 1－1剖面图；(c) 凳子立面图

【解】

项目编码：050307014 **项目名称：花盆（坛、箱）**

工程量计算规则：按设计图示尺寸以数量计算。

识图与分析

根据图示可知花坛的工程量为2个。

清单工程量计算见表4－45。

表4－45 清单工程量计算表

项目编码	项目名称	项目特征描述	计量单位	工程量
050307014001	花盆（坛、箱）	连座花坛	个	2

【例 37】 如图 4 - 36 所示为一个座凳树池，求工程量。

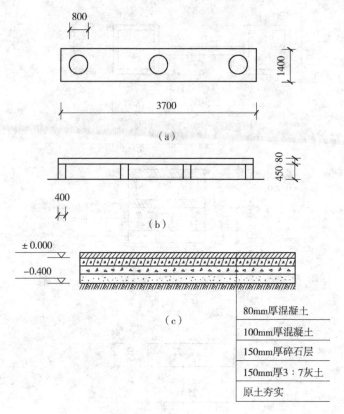

800

1400

3700

（a）

450 80

400

（b）

± 0.000

−0.400

（c）

80mm厚混凝土

100mm厚混凝土

150mm厚碎石层

150mm厚3：7灰土

原土夯实

图 4 - 36　座凳树池示意图

（a）平面示意图；（b）立面示意图；（c）剖面示意图

【解】

项目编码：050305004　项目名称：现浇混凝土桌凳

工程量计算规则：按设计图示数量计算。

根据图示和题意可知花坛的工程量为 1 个。

清单工程量计算见表 4 - 46。

表 4 - 46　　　　　　　　　　　　清单工程量计算表

项目编码	项目名称	项目特征描述	计量单位	工程量
050402007001	现浇混凝土桌凳	圆形，支墩高 450mm	个	1

【例 38】 如图 4 - 37 所示为园林小品中的石桌石凳，各尺寸在图中已标出，求工程量。

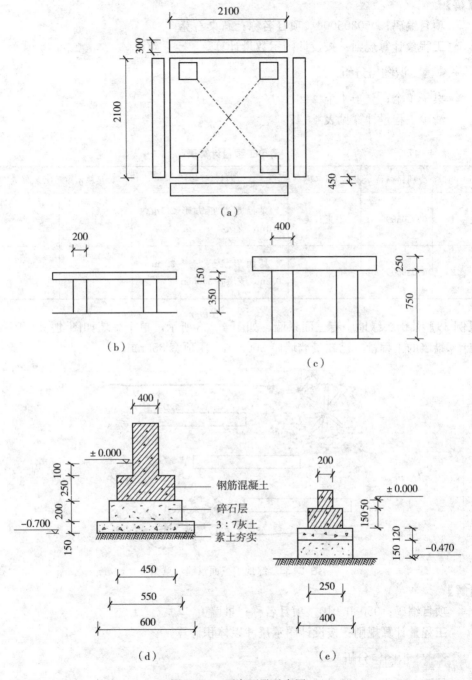

图 4-37 石桌石凳示意图

(a) 桌凳平面图；(b) 凳子立面图；(c) 桌子立面图；

(d) 桌腿基础剖面图；(e) 凳腿基础剖面图

【解】

　　项目编码：050305006　　**项目名称：**石桌石凳

　　工程量计算规则：按设计图示数量计算。

　　📝 识图与分析

　　桌子 1 个；凳子 4 个。

　　清单工程量计算见表 4 - 47。

表 4 - 47　　　　　　　　　　　　清单工程量计算表

序号	项目编码	项目名称	项目特征描述	计量单位	工程量
1	050305006001	石桌石凳	桌面形状正方形 2.1m×2.1m，支墩高 0.75m	个	1
2	050305006002	石桌石凳	凳面形状长方形 2.1m×0.3m，支墩高 350mm	个	4

【例39】 某街头绿地中有三面景墙，如图 4 - 38 所示，单个景墙如图 4 - 39 所示，计算景墙的工程量（已知景墙墙厚 300mm，压顶宽 350mm）。

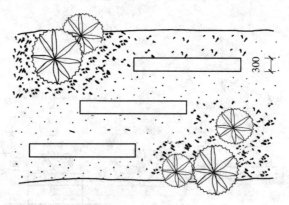

图 4 - 38　绿地中三面景墙示意图

【解】

　　项目编码：050307010　　**项目名称：**景墙

　　工程量计算规则：按设计图示尺寸以体积计算。

　　📝 识图与分析

　　景墙有 3 段。每段景墙的长度为 2.5m，厚度为 0.3m，高为(1.5−0.06) m；且每段景墙都有窗面积为 (0.47+0.31+0.72) m^2。

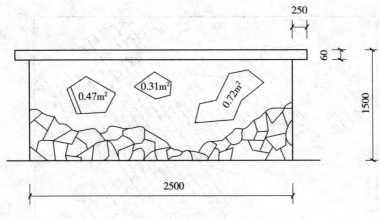

图 4 - 39 单个景墙示意图

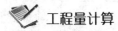 工程量计算

一段景墙的体积 V ＝（长×高－窗面积）×厚

$$= [2.5 \times (1.5 - 0.06) - (0.47 + 0.31 + 0.72)]$$
$$\times 0.3$$
$$= (2.5 \times 1.44 - 1.5) \times 0.3$$
$$= (3.6 - 1.5) \times 0.3$$
$$= 2.1 \times 0.3$$
$$= 0.63 \ (m^3)$$

景墙的总工程量＝0.63×3＝1.89（m³）

清单工程量计算见表 4 - 48。

表 4 - 48　　　　　　　　　　　　　　　　**清单工程量计算表**

项目编码	项目名称	项目特征描述	计量单位	工程量
050307010001	景墙	景墙墙厚 300mm，压顶宽 350mm	m³	1.89

【例 40】 小游园内有一土堆筑假山，山丘水平投影外接矩形长 8m，宽 5m，假山高 6m，在陡坡外用块石作护坡，每块块石重 0.3t。试求工程量（图 4 - 40）。

【解】

项目编码：050301001 项目名称：堆筑土山丘

工程量计算规则：按设计图示山丘水平投影外接矩形面积乘以高度的 1/3 以体积计算。

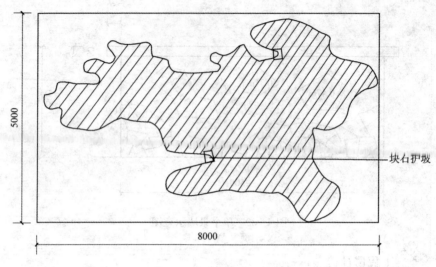

图 4-40　假山水平投影图

注：假山高 6m。

 识图与分析

山丘水平投影外接矩形长 8m，宽 5m。假山高 6m。

 工程量计算

土山丘体积 $V_堆 = 长 \times 宽 \times 高 \times \dfrac{1}{3} = 8 \times 6 \times 5 \times \dfrac{1}{3} = 80$（m³）

清单工程量计算见表 4-49。

表 4-49　　　　　　　　　　　清单工程量计算表

项目编码	项目名称	项目特征描述	计量单位	工程量
050201001001	堆筑土山丘	土丘外接矩形面积为 40m²，假山高 6m，块石护坡	m³	80.00

【例 41】有一人工塑假山，采用钢骨架，山高 9m 占地 23m²，假山地基为混凝土基础，35mm 厚砂石垫层，C10 混凝土厚 100mm，素土夯实。假山上有人工安置白果笋 1 支，高 2m，景石 2 块，平均长 2m，宽 1m，高 1.5m，零星点布石 5 块，平均长 1m，宽 0.6m，高 0.7m，，风景石和零星点布石为黄石。假山山皮料为小块英德石，每块高 2m，宽 1.5m 共 60 块，需要人工运送 60m 远，试求其工程量（图 4-41）。

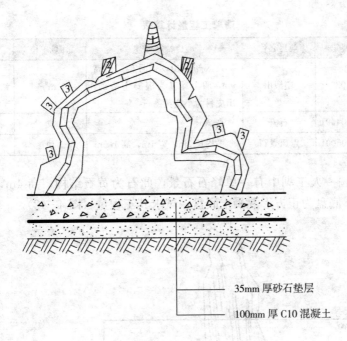

35mm 厚砂石垫层

100mm 厚 C10 混凝土

图 4-41　人工塑假山剖面图

1—白果笋；2—景石；3—零星点布石

注：假山高 6m，占地面积 23m²。

【解】

（1）**项目编码：**050301003　**项目名称：**塑假山

　　　工程量计算规则：按设计图示尺寸以展开面积计算。

　　🖊　**识图与分析**

假山面积 23.00m²。

（2）**项目编码：**050301004　**项目名称：**石笋

　　　工程量计算规则：按设计图示数量计算。

　　🖊　**识图与分析**

白果笋 1 支。

（3）**项目编码：**050301005　**项目名称：**点风景石

　　　工程量计算规则：按设计图示数量计算。

　　🖊　**识图与分析**

景石 2 块。

清单工程量计算见表 4-50。

表 4 - 50　　　　　　　　　　清单工程量计算表

序号	项目编码	项目名称	项目特征描述	计量单位	工程量
1	050301003001	塑假山	人工塑假山，钢骨架，山高9m，假山地基为混凝土基础，山皮料为小块英德石	m²	23.00
2	050301004001	石笋	高 2m	支	1
3	050301005001	点风景石	平均长 2m，宽 1m，高 1.5m	块	2

【例42】某公园一人工湖中有一单峰石石景，此石为黄石结构，高 4m，水半投影面积 15m²，底盘为正方形混凝土底盘，试求其工程量（图 4 - 42）。

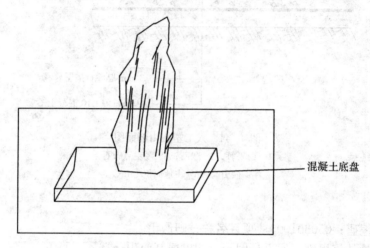

混凝土底盘

图 4 - 42　池石立面图

【解】

　　项目编码： 050301006　**项目名称：** 池、盆景 置石
　　工程量计算规则： 按设计图示数量计算。

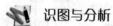 识图与分析

池石 1 座。

清单工程量计算见表 4 - 51。

表 4 - 51　　　　　　　　　　清单工程量计算表

项目编码	项目名称	项目特征描述	计量单位	工程量
050301006001	池、盆景 置石	混凝土底盘，山高 4m，黄石结构，单峰石石景	座	1

【例43】某植物园竹林旁边以石笋石作点缀，寓意出"雨后春笋"的观赏效果，

其石笋石采用白果笋，具体布置造型尺寸如图 4-43 所示，试求其工程量。

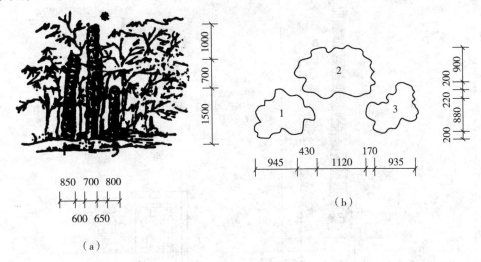

图 4-43 白果笋示意图
(a) 立面图；(b) 平面图

【解】

项目编码：050301004 项目名称：石笋

工程量计算规则：按设计图示数量计算。

识图与分析

该景区共布置有 3 支白果笋。

清单工程量计算见表 4-52。

表 4-52 清单工程量计算表

序号	项目编码	项目名称	项目特征描述	计量单位	工程量
1	050301004001	石笋	白果笋，高 2.2m	支	1
2	050301004002	石笋	白果笋，高 3.2m	支	1
3	050301004003	石笋	白果笋，高 1.5m	支	1

【例 44】已知某公园有园路长 20m，宽 2.5m，两侧如图 4-44 所示布置园灯，园灯采用双侧对称布置形式，两灯之间间隔 4m，试求其工程量（有一个电气控制柜，内有总刀开关一个，分支开关 2 个和熔断器）。

【解】

(1) 项目编码：050307001 项目名称：石灯

工程量计算规则：按设计图示数量计算。

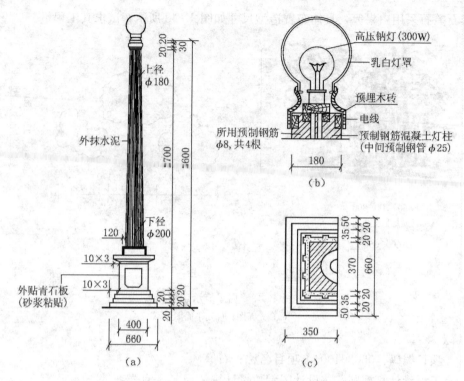

图 4-44　园路园灯布置图（一）

（a）园灯立面图；（b）灯座立面构造图；（c）园灯底座断面图

　识图与分析

石灯分布在园路两侧，每侧的两灯之间间隔 4m。园路长 20m。

　　工程量计算

计算园路共装有园灯个数＝（20/4＋1）×2＝6×2＝12

（2）**项目编码：** 050306004　**项目名称：电气控制柜**

工程量计算规则： 按设计图示数量计算。

　　识图与分析

已知有一台电气控制柜，内有总刀开关一个，分支开关 2 个和熔断器。

清单工程量计算见表 4-53。

表 4-53　　　　　　　　　　　清单工程量计算表

序　号	项目编码	项目名称	项目特征描述	计量单位	工程量
1	050307001001	石灯	圆锥台形，上径 ϕ180，下径 ϕ120，高 3600mm	个	12

续表

序　号	项目编码	项目名称	项目特征描述	计量单位	工程量
2	050306004001	电气控制柜	总刀开关一个，分支开关2个，熔断器	台	1

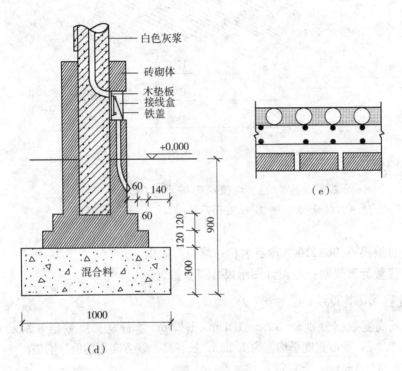

图 4-44　园路园灯布置图（二）

（d）基础立面图；（e）园灯布置形式图

注：1. 石灯分布在园路两侧，每侧的两灯之间隔4m。园路长20m。

2. 两侧石灯用一个电气控制柜。

【例45】某处草坪地布置一黄石（主要以黄色著称），如图 4-45 所示为其剖面图，求该景石的工程量。

$$W_单 = LBHR$$

式中　$W_单$——山石单体重量（t）；

L——长度方向的平均值（m）；

B——宽度方向的平均值（m）；

H——高度方向的平均值（m）；

R——石料堆密度（t/m³）。

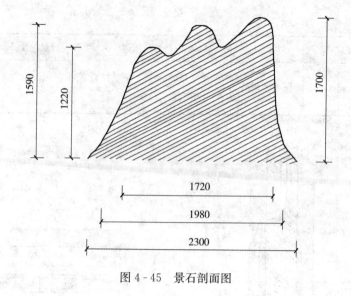

图 4 - 45　景石剖面图

注：1. 该景石宽度方向的平均值经测得为 1.32m。

2. R—石料比重。黄石为 2.6t/m³。

【解】

项目编码：050301002 项目名称：堆筑石假山

工程量计算规则：按设计图示尺寸以质量计算。

 识图与分析

景石高度数据分别是 1.7m，1.59m，1.22m；景石宽长度数据分别是 1.72m，1.98m，2.3m；景石宽度平均值为 1.32m。长、高、宽方向平均值分别是：

$L = (2.3+1.98+1.72) /3 = 2$ （m）

$H = (1.7+1.59+1.22) /3 = 1.50$ （m）

$B = 1.32$m （已给出）

 工程量计算

$W_单 = LBHR = 2 \times 1.50 \times 1.32 \times 2.6 = 10.296$ （t）

清单工程量计算见表 4 - 54。

表 4 - 54　　　　　　　　　　　　清单工程量计算表

项目编码	项目名称	项目特征描述	计量单位	工程量
050301002001	堆砌石假山	草坪上堆黄石假山，高 1.5m	t	10.296

【例 46】某游园走廊顶层的构造层由草铺设而成，走廊长 12m，宽 3m。顶层四面构造由 4 个梯形组成，对应的两个相同，其中一组边长为 9m、12m、2m、

2m。另一组边长为 1.5m、3m、2m、2m。求工程量（图 4 - 46）

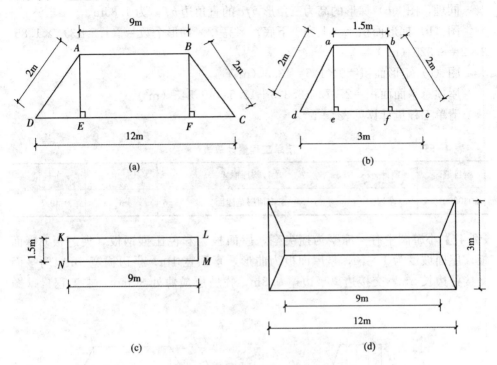

图 4 - 46　走廊顶面侧面分解图、平面图
(a) 侧面分解图；(b) 侧面分解图；(c) 部分平面图；(d) 屋顶平面图

【解】

项目编码：050303001　　项目名称：草屋面

工程量计算规则：按设计图示尺寸以斜面计算。

　识图与分析

草屋面有四个梯形与一个矩形组成。图 4 - 46（a）梯形上底长 9m，下底长 12m，斜边长 2m，个数为 2；图 4 - 46（b）梯形上底长 1.5m，下底长 3m，斜边长为 2m，个数为 2 个；图 4 - 46（c）矩形长 9m，宽 1.5m。

工程量计算

图（a）梯形的高为三角形 BFC 的直角边 BF，有勾股定理知：

$BC^2 - CF^2 = BF^2$

其中 $BC=2$m，$CF=(12-9)$ m$/2=1.5$m，代入上式可知图（a）中梯形的高为

$BF = \sqrt{2^2 - 1.5^2} = 1.32$（m）

图（a）梯形面积＝（上底＋下底）×高/2×梯形个数＝（9＋12）×1.32/2

×2＝27.72（m²）

同理，图（b）梯形的高为三角形 bfc 的直角边 bf，为 1.85m。

图（b）梯形面积＝（上底＋下底）×高/2×梯形个数＝（1.5＋3）×1.85/2×2＝8.325（m²）

图（c）矩形面积＝9×1.5＝13.5（m²）

屋顶总平面面积＝27.72＋8.325＋13.5＝49.545（m²）

清单工程量计算见表 4-55。

表 4-55   清单工程量计算表

项目编码	项目名称	项目特征描述	计量单位	工程量
050303001001	草屋面	走廊顶层草屋面	m²	49.55

【例 47】小游园中有一凉亭为攒尖亭，屋面板为彩色压型钢板（夹芯板）屋面板，屋面坡度为 1：40，亭屋面板为曲形，亭顶宽 1m，亭边檐宽 6m，两亭面交接处边长 5m，交接边离亭边檐 0.8m，找坡层最薄处 30mm。求工程量（图4-47）。

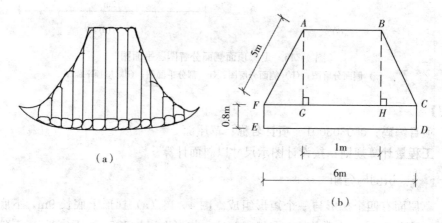

（a）

（b）

图 4-47 攒尖亭顶立面图、立面分析图
(a) 正立面图；(b) 正立面图结构分析图

【解】
项目编码：050303006   项目名称：彩色压型钢板（夹芯板）攒尖亭屋面板
工程量计算规则：按设计图示尺寸以实铺面积计算。

识图与分析

工程量为梯形与矩形的面积之和。梯形 $ABCF$ 为等腰梯形，$AB＝1m$ $FC＝6m$

所以 $AB＝GH＝1m$ $FG＝HC＝（FC－AB）÷2＝（6－1）÷2＝2.5m$

在直角三角形 *AGF* 中，*AF*＝5m　*FG*＝2.5m

 工程量计算

$AG=\sqrt{AF^2-FG^2}=\sqrt{5^2-2.5^2}=4.33$（m）（保留两位小数）

梯形 *ABCF* 的面积＝$\frac{1}{2}$（上底＋下底）×高＝$\frac{1}{2}$（1＋6）×4.33＝15.16（m²）

矩形 *FCDE* 的面积＝*FC*×*FE*＝6×0.8＝4.8（m²）

图形 *ABDE* 的面积 $S_{ABCF}+S_{FCDE}=15.16+4.8=19.96$（m²）

清单工程量计算见表 4-56。

表 4-56　　　　　　　　　　　清单工程量计算表

项目编码	项目名称	项目特征描述	计量单位	工程量
050303006001	彩色压型钢板（夹芯板）攒尖亭屋面板	屋面坡度为 1：40，亭边檐宽 6m	m²	19.96

【例48】某人工湖沿湖边装有一排方锥形石灯共30个，既可在晚上起到照明的效果，又可供游人欣赏，石灯身为方锥台灯身，平均截面为 50cm×50cm，上底面长 60cm，宽 60cm，下底面长 40cm，宽 40cm，灯身高 45cm，厚 5cm，灯身上装有灯帽，灯帽边长为 80cm，厚 5cm。灯身下有矩形灯座，长 60cm，宽 50cm，厚 10cm。求工程量（图 4-48）。

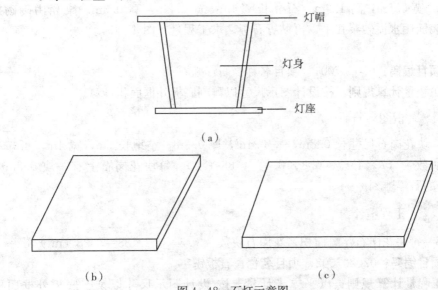

图 4-48　石灯示意图

(a) 石灯立面图；(b) 灯帽示意图；(c) 灯座示意图

注：石灯有 30 个。

【解】

项目编码：050307001   项目名称：石灯

工程量计算规则：按设计图示数量计算。

  识图与分析

石灯个数为 30 个。

清单工程量计算见表 4-57。

表 4-57   清单工程量计算表

项目编码	项目名称	项目特征描述	计量单位	工程量
050307001001	石灯	石灯的最大截面为 600mm × 600mm，灯身高 45cm	个	30

【例 49】 某房屋门前有一块 7m×4m 的空地，地表面用花岗岩石铺砌。花岗岩石每块长 0.8m，宽 0.4m，厚 0.3m。每块花岗岩石上还有石浮雕刻而成的十二生肖图案，每个图案长 0.3m，宽 0.2m，每个生肖旁边还有石镌字名称。石镌字字体为阴文，规格为 15cm×15cm。花岗岩石表面刷有防水涂料，地面下为 80mm 厚素混凝土，100mm 厚混合料，200mm 厚 3∶7 灰土，300mm 厚粗砂垫层，原土夯实。空地上还摆有砖砌石桌凳。石桌面长 1m，宽 1m，厚 0.3m，桌墩长 0.5m，宽 0.5m，高 1.2m。石凳长 0.4m，宽 0.2m，高 0.3m。桌凳用砖砌好后，表面用水泥砂浆找平，再贴青石板。求工程量（图 4-49）。

【解】

（1）项目编码：020207001   项目名称：石浮雕石

工程量计算规则：按设计图示尺寸以雕刻底板外框面积计算。

  识图与分析

一块花岗石尺寸长 0.8m，宽 0.4m，厚 0.3m。空地长 7m，宽 4m，可知花岗石块数为（7×4）/（0.8×0.4）≈88（块）。每块花岗石上有一块 0.3m×0.2m 的石浮雕刻。

  工程量计算

S＝每块花岗石浮雕面积×花岗石块数＝ 0.3×0.2×88＝5.28（m²）

（2）项目编码：020207002   项目名称：石板镌字

工程量计算规则：以平方米计量，按设计图示尺寸以镌字底板外框面积计算。

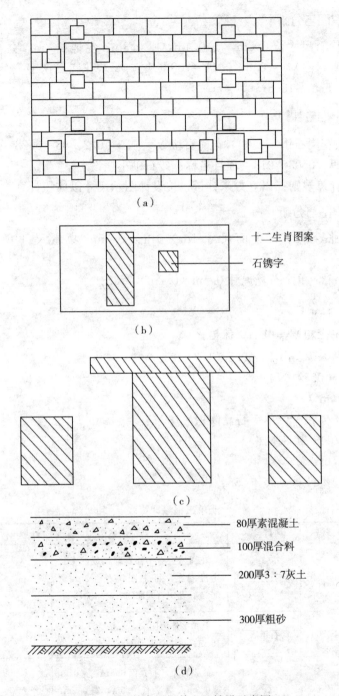

（a）

十二生肖图案

石镌字

（b）

（c）

80厚素混凝土

100厚混合料

200厚3：7灰土

300厚粗砂

（d）

图 4-49 某房屋门前空地铺设示意图

（a）铺设的平面图；（b）十二生肖图案、石镌字的平面图；

（c）桌凳的剖面图；（d）铺设底面的剖面图

 **识图与分析**

一块花岗石尺寸长 0.8m，宽 0.4m，厚 0.3m。空地长 7m，宽 4m，可知花岗石块数为（7×4）/（0.8×0.4）≈88（块）。每块花岗石镌字一个，镌字底板外框尺寸为 15cm×15cm。

 **工程量计算**

$S=$每块花岗石镌字面积×花岗石块数$=0.3×0.2×88=5.28$（m²）

（3）**项目编码**：050307018   **项目名称**：砖石砌小摆设

工程量计算规则：以立方米计量，按设计图示尺寸以体积计算。

 **识图与分析**

桌子 4 张，单个石桌面尺寸 1m×1m×0.3m，桌墩尺寸 0.5m×0.5m×1.2m。

凳子 16 个，单个石凳尺寸 0.4m×0.2m×0.3m。

 **工程量计算**

砖砌桌子体积 $V=$单个桌体积×4

$=$（1×1×0.3+0.5×0.5×1.2）×4

$=$（0.3+0.3）×4

$=2.40$（m³）

砖砌凳子体积 $V=$单个石凳体积×16

$=0.4×0.2×0.3×16$

$=0.38$（m³）

清单工程量计算见表 4-58。

表 4-58   清单工程量计算表

序号	项目编码	项目名称	项目特征描述	计量单位	工程量
1	020207001001	石浮雕	花岗岩上有平浮石雕刻成的十二生肖图案，每个图案长 0.3m，宽 0.2m；花岗石表面刷有防水涂料	m²	5.28
2	020207002001	石镌字	石镌字体为阴文，规格为 15cm×15cm；花岗石表面刷有防水涂料	个	88
3	050307018001	砖砌小摆设	砖砌石桌，石桌面长 1m，宽 1m，厚 0.3m，桌墩长 0.5m，宽 0.5m，高 1.2m，砌好后，表面用水泥砂浆找平，再贴青石板	m³	2.4

续表

序号	项目编码	项目名称	项目特征描述	计量单位	工程量
4	050307018002	砖砌小摆设	砖砌石凳，石凳长 0.4m，宽 0.2m，高 0.3m，砌好后，表面用水泥砂浆找平，再贴青石板	m³	0.38

【例50】一房屋所有结构全为原木构件（龙骨除外）房中共有4面墙，两两相同，长宽分别为2.5m，2m和2.5m，2.5m，墙体中装有龙骨，用来支撑墙体，龙骨长2.5m，宽0.2m，厚1mm。原木墙梢径为15cm，树皮屋面厚2cm，试求工程量(图4-50)。

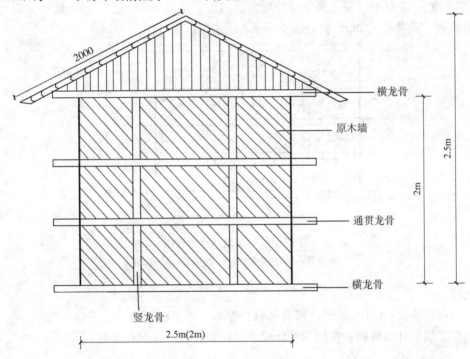

图4-50　墙体剖面图

【解】

项目编码：050302002　项目名称：原木（带树皮）墙

工程量计算规则：按图示设计尺寸以面积计算（不包括梁柱）。

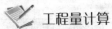 识图与分析

墙体尺寸分别为2.5m×2m，2.5m×2.5m。此两种墙体各有两面，共有四面墙体。

工程量计算

墙体面积S_1＝长×宽×2＝2.5×2×2＝10（m²）

墙体面积S_2＝长×宽×2＝2.5×2.5×2＝12.5（m²）

清单工程量计算见表 4 - 59。

表 4 - 59   清单工程量计算表

序号	项目编码	项目名称	项目特征描述	计量单位	工程量
1	050302002001	原木（带树皮）墙	原木稍径 15cm，龙骨长 2.5m，宽0.2m，厚1mm，长宽分别为2.5m、2m	m²	10.00
2	050302002002	原木（带树皮）墙	长度分别为 2.5m、2.5m	m²	12.50

【例 51】一房屋中用来隔开空间的墙为竹编墙，墙长 4m，宽 2.5m，墙中龙骨也为竹制，龙骨长 4.2m，直径为 15mm。试求工程量（图 4 - 51）。

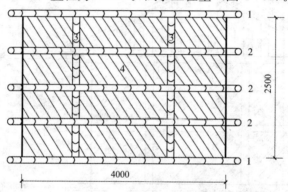

图 4 - 51　竹编墙结构示意图

1—横龙骨；2—通贯龙骨；3—竖龙骨；4—竹编墙

【解】

项目编码：050302005　**项目名称：**原木（带树皮）墙

工程量计算规则：按图示设计尺寸以面积计算（不包括梁柱）。

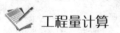 识图与分析

竹编墙长度 4m，宽度 2.5m。

识图与分析 工程量计算

竹编墙面积 S＝长×宽＝4×2.5＝10（m²）

清单工程量计算见表 4 - 60。

表 4 - 60   清单工程量计算表

项目编码	项目名称	项目特征描述	计量单位	工程量
050302005001	竹编墙	龙骨也为竹制，龙骨长 4.2m，直径为 15mm，墙长 4m，宽 2.5m	m²	10.00

【例52】有一带土假山为了保护山体而在假山的拐角处设置山石护角,每块石长1m,宽0.5m,高0.6m。假山中修有山石台阶,每个台阶长0.5m,宽0.3m,高0.15m,共10级,台阶为C10混凝土结构,表面是水泥抹面,C10混凝土厚130mm,1:3:6三合土垫层厚80mm,素土夯实,所有山石材料均为黄石。试求其工程量(图4-52)。

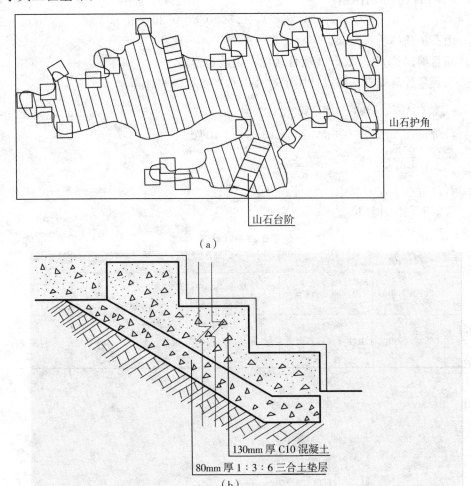

(a)

130mm 厚 C10 混凝土

80mm 厚 1:3:6 三合土垫层

(b)

图4-52 带土假山的示意图

(a)假山平面图;(b)台阶剖面图

注:□——护角。

【解】

(1) **项目编码:**050301007 **项目名称:**山石护角

工程量计算规则:按设计图示尺寸以体积计算。

识图与分析

山石护角每块石长 1m，宽 0.5m，高 0.6m，共有 24 块护角。

 工程量计算

1 块山石护角的体积：

$$V=长×宽×高=1×0.5×0.6=0.30（m^3）$$

山石护角体积：$0.30×24=7.20（m^3）$

（2）**项目编码**：050301008   **项目名称**：山坡石台阶

工程量计算规则：按设计图示尺寸以水平投影面积计算。

 识图与分析

台阶长 0.5m，宽 0.3m，高 0.15m，共 10 级。

 工程量计算

石台阶水平投影面积：$S=长×宽×台阶数=0.5×0.3×10=1.50（m^2）$

清单工程量计算见表 4-61。

表 4-61   清单工程量计算表

序号	项目编码	项目名称	项目特征描述	计量单位	工程量
1	050301007001	山（卵）石护角	每块石长 1m，宽 0.5m，高 0.6m	m³	7.20
2	050301008001	山坡（卵）石台阶	C10 混凝土结构，表面是水泥抹面，C10 混凝土厚 130mm	m²	1.50